现代养殖场疫病综合防控技术丛书

猪场 消毒与疫苗使用技术

焦连国 主编

中国农业出版社

图书在版编目(CIP)数据

猪场消毒与疫苗使用技术 / 焦连国主编 . —北京：中国农业出版社，2015.10(2021.3 重印)
（现代养殖场疫病综合防控技术丛书）
ISBN 978 - 7 - 109 - 20698 - 4

Ⅰ.①猪… Ⅱ.①焦… Ⅲ.①养猪场-消毒②猪病-疫苗 Ⅳ.①S858.28

中国版本图书馆 CIP 数据核字(2015)第 169853 号

中国农业出版社出版
（北京市朝阳区麦子店街 18 号楼）
（邮政编码 100125）
责任编辑 王森鹤

中农印务有限公司印刷 新华书店北京发行所发行
2015 年 10 月第 1 版 2021 年 3 月北京第 4 次印刷

开本:880mm×1230mm 1/32 印张:3.5 插页:2
字数:85 千字
定价:12.00 元
（凡本版图书出现印刷、装订错误，请向出版社发行部调换）

内容简介

　　本书分别从疫病综合防控、消毒技术、疫苗使用技术、常见检测技术四个方面进行阐述。编者力求为读者从全局防控疫病的角度，以更进一步掌握现代化养猪的观念、彻底改变以前的治疗为主，真正落实"养防结合，预防为主"的策略。本书在内容上，力求接近实战，真正为猪场的疫病防控、科学合理的消毒与疫苗使用起到指导示范作用。

主　编　焦连国（大北农动物医学研究中心）

副主编　王贵华（大北农集团）

　　　　闫国晖（大北农动物医学研究中心）

　　　　吴星亮（大北农动物医学研究中心）

参　编　王　敏（大北农动物医学研究中心）

　　　　赵　青（大北农动物医学研究中心）

　　　　张国庆（美国佐治亚大学）

　　　　王星晨（北京大北农种猪科技有限公司）

　　　　曾亮明（福州大北农生物技术有限公司）

　　　　周勇岐（南京天邦生物科技有限公司）

　　　　葛代兴（大北农集团动物保健技术研究中心）

　　　　王香玲（大北农动物医学研究中心）

　　　　王芳芳（大北农动物医学研究中心）

审　稿　赵亚荣（大北农集团）

前言
Preface

　　随着全球经济一体化，养猪生产方式的转变已经在全国悄然进行。未来的5～10年是我国养猪业发展的巨变期。养猪者将面临更大更多的挑战。而在众多挑战中，猪场疫病的成功防控成为猪场稳定健康发展的首要条件。

　　猪场疫病的防控体系是一个系统的工程，涉及人、猪与猪场等各个方面。猪场疫病的防控必须借鉴国内外成功的经验，同时还应根据我国疫病的流行情况，制定科学有效的防控措施。我们结合目前猪场防疫的实际状况与疫病的流行情况，根据疫病流行的规律，从传染源、传播途径及易感群体三个环节入手，系统地阐述了猪场疫病的防控体系。传染源的控制以淘汰带毒猪特别是隐性带毒猪、建立健康种猪群为目标，彻底改变以往把发病猪治好的养殖模式，树立健康猪群是养猪成功的基础意识。切断传播途径，在防治疫病中是非常关键的环节，而成功地切断传播途径，消毒是至关重要的。做好猪场的消毒涉及消毒剂的选择、消毒的对象及消毒效果的评价等多方面，而成功的消毒需要猪场工作人员真正理解消毒对于养猪的益处，为此本书全面详细地介绍了猪场消毒操作技术。目前，保护易感群体仍离不开药物保健与疫苗免疫。在疫苗的使用过程中，从疫苗的基础知识到具体疫苗的选择与效果评价，都是目前猪场饲养者非常欠缺的。我们用通俗化的语言，从实际应用出发，对猪病疫苗的使用知识进行了详细讲解。我们希望解决猪场为何使用疫苗与如何使用疫苗及使用疫苗后效果如何评价的问题。本书根据目前猪场重大疫病流行变化情况与防控措施，对危害猪场的几种疫病进行了详细阐述，期望引起猪场管理者对这些疫病防控的重视。

现代化养猪，实验室的作用越来越大，利用好实验室为猪场服务是很多猪场的迫切需求。因此，我们专门安排一章重点讲述实验室的利用及常见的误区与问题，力求让读者对实验室技术有初步的了解，让猪场更好地利用实验室技术服务猪场，实现共享实验室技术，助推现代化养殖。

本书的编写由于时间仓促与经验有限，难免有不足之处，期望读者批评指正，以便此书完善。

目 录
Contents

前言

一、猪疫病综合防控

（一）养猪生产方式转变与主要问题

1. 养猪生产方式的转变

当今世界，养猪业正经历着一系列变革。随着世界经济的一体化，养猪业生产方式的转变势在必然。传统庭院养猪业是以自给自足为主，表现为小规模、低效率、低商品率，这严重制约了当前规模化养猪业的发展，致使我国现代化规模养猪严重缺乏国际竞争能力。近年来我国经济高速发展，国家制定的以工业反哺农业、城市反哺农村的政策落实，我国正从养猪大国，向追求产品质量的养猪强国迈进，未来我国养猪业发展将呈现规模化、产业化与信息化。

（1）规模化 现代化养猪的关键是转变养猪业的传统观念，改变落后的生产方式，使小规模庭院分散饲养向规模化集中饲养转变。国家提出发展现代农业是新农村建设的首要任务，未来养猪业的发展方向是规模化可持续的发展。我国很多地方提出了"退出村庄、退出散养、退出庭院，进入小区、进入规模、进入市场"新理念，并不断探索出不同的生产方式，建立"小区（规模场）＋公司（协会）＋企业"不同形式的联合体，促进养猪业规模化发展。这也是借鉴了发达养猪国家的先进经验。

（2）产业化 养猪产业化是经济全球化的必然产物，由于国外猪肉产品不断涌入国内，我国为了与国际市场接轨使猪肉产品上档次，生产出规格统一、质量稳定的产品，养猪业走产业化集团经营道路已经成为历史的必然，也是我国市场经济逐渐成熟的表现。养猪产业化是要改变养猪者单纯出售活猪的状况，实现以养猪者为基地，以屠宰加工为龙头，以市场为导向的产、加、销一体化的经营方式。产业化的成功在于各环节利益的合理分配，让养猪者在经营中得到实惠，是产业化集团经营的基础，是产品数量和质量的保证。

（3）信息化　随着产业化的推进和养猪新生代的崛起，养猪信息化已经成为行业发展趋势，信息技术的应用是养猪业发展的必然趋势。在养猪中积极推进信息技术应用，以信息化带动养猪产业化，是大势所趋。养猪信息化是充分运用现代信息技术最新成果，促进养猪业持续稳定健康地发展。它通过对信息及时准确有效地获取、处理、传播和应用，把养猪相关信息及时准确地传达到养猪场中，实现养猪生产、管理、营销信息化，以加速传统养猪业的改造、升级，大幅度提高养猪生产效率、管理和经营决策水平。养猪信息化应用表现在以下 4 个方面：一是养猪业的宏观调控；二是养猪生产基础设施装备的信息化和资讯科技化，经营管理信息网络化；三是养猪技术操作全面自动化；四是信息技术与生物科技。

2. 主要问题

我国养猪产业正处于从传统生产向现代产业加速转型的重要时期，我国养猪产业发展面临下面 3 方面的挑战：

（1）种猪与引种　我国是养猪大国，养猪数量约占世界的50%，但我国却是育种弱国。我国长期处于"引种→维持→退化→再引种"的不良循环中，在"金字塔"繁育体系里的顶端核心种猪资源长期依赖进口。我国商品化生产主要的三大瘦肉型猪种从世界各国长期持续大量的进口，不但将生猪产业最具竞争力的"金字塔"顶端的核心种猪资源拱手让给国外种猪育种公司，而且严重威胁着我国种猪业的安全。据统计，2011 年我国进口种猪超过 1 万头，全部是高端的核心群，几乎接近全国核心群年更换的1/4。因此，种猪业作为国家战略性、基础性核心产业受到前所未有的高度重视，目前国家出台了各类生猪产业相关政策，扶持本土育种体系的加快建立。2009 年 8 月 4 日我国正式颁布的《国家生猪遗传改良计划（2008—2020 年）》，明确了今后十多年我国猪育种工作的方向和重点。

（2）生态环境　伴随着规模化、集约化养猪的迅速发展，猪场排放的粪便、污水及废弃物对猪场环境造成了极大的破坏。猪场内有害气体浓度高，臭味重，蚊蝇滋生，有害病原微生物及寄生虫大量存在，致使猪的发病率、死亡率升高，严重影响猪的生产性能。不仅如此，猪场周边的生态环境也受到了极大的破坏，造成环境恶化，生态平衡失调，形成所谓的"畜产公害"。据有关部门测算：1头猪的日排泄粪尿按 6 千克计，年产粪尿达 2.5 吨。如果采用水冲式清粪，1 头猪日排污量约为 30 千克。一个千头猪场日排泄粪尿达 6 吨，年排量达 2 500 吨，采用水冲式清粪年排污水达 1 万多吨。

（3）疫病流行状况　当前我国养猪业面临的最大挑战仍是疫病的防控，《国家中长期动物疫病防治规划（2012—2020 年）》指出：我国动物疫病流行状况更加复杂，动物疫病病种多、病原复杂、流行范围广。口蹄疫等重大动物疫病仍在部分区域呈流行态势，动物存在免疫带毒和免疫临床发病现象。许多专家指出目前猪病的发生对规模化养猪生产的危害日趋加重，特别是传染性疾病，成为严重影响我国规模化养猪业稳定健康发展的主要因素。我国猪病的种类越来越多，而且近几年新的疫病逐步增加，疫病的复杂程度不断加剧，对疫病的控制也越来越难。我国猪病的发生呈现如下特点：

①　病原变异　病原体变异是指病原体因环境条件或遗传因素的变化而发生变异。病原体变异可分为几种：第一种是耐药性变异，指原来对某种抗菌药物敏感的细菌变成对该种药物不敏感或耐受菌株，耐药性变异可通过耐药基因或基因突变传给后代，也可通过微生物共生而转移给其他微生物，如耐药性大肠杆菌。耐药性变异是猪场多种细菌性疾病流行不能控制或复燃的重要原因；第二种是抗原性变异，病原体的基因突变导致了病原体的抗原性变异，从而使疾病发生暴发性流行，例如口蹄疫的毒株变异；第三种是毒力变异：病原体的毒力变异可使其毒力增强，致病力增强，如猪场高

致病性蓝耳病的暴发、仔猪腹泻病的大流行等。

② 多种病原共感染　在集约化与规模化的工厂式生产中，很多猪场只采取大剂量无限制使用抗生素与高密度接种疫苗的策略，而忽视带毒猪群的淘汰与生物安全，导致变异病原不断出现。近几年猪病以病原体的多重感染或混合感染为主要流行形式，猪群发病往往不是以单一病原体所致疾病的形式出现，而是由两种或两种以上的病原体相互协同作用所造成的，常常导致猪群的高发病率和高死亡率，危害极其严重，而且控制难度越来越大。在多重感染中，既有病毒的混合感染，也有细菌的混合感染，还有病毒与细菌的混合感染。在病毒的混合感染中，以猪繁殖与呼吸综合征病毒、猪圆环病毒 2 型、猪伪狂犬病病毒、猪瘟病毒之间的多重感染较为严重。在多种病原的感染下，猪场中形成了猪高热综合征、猪呼吸道疾病综合征等症侯群。

③ 免疫抑制　免疫抑制是动物免疫功能异常的一种表现，是指动物机体在单一或多种致病因素的作用下，免疫系统受到损害，导致机体暂时性或持久性的免疫应答功能紊乱以及对疾病的高度易感。当前各种引起免疫抑制的因素广泛存在于我国猪群之中，传染性因素有猪繁殖与呼吸综合征病毒、猪圆环病毒 2 型等病原；非传染性因素有遗传因素、毒素中毒及药物因素等。免疫抑制是造成疫苗免疫失败与诱发各种疾病的元凶之一，因此，当前在防控猪病中首先要消除猪群中存在的造成免疫抑制的各种因素，重点控制好免疫抑制性疾病，提高猪体的特异性与非特异性免疫力，维持机体良好的免疫功能，保障猪群的健康水平，减少疾病造成的重大损失。

④ 新的疫病不断出现　近 20 年来我国新发现 320 种畜禽传染病，在猪新发现的疫病中，高致病性蓝耳病、圆环病毒病、猪流感、副猪嗜血杆菌病等，已经或正成为猪场的主要疫病。近几年一些老的疫病突然在猪场暴发，发病率与死亡率较之前大大增加。比如我国很多猪场近期出现了猪丹毒，造成育肥猪伤亡；猪伪狂犬病毒在很多猪场野毒阳性率增高，其致病性增强，病死仔猪喂食犬，

导致犬死亡；近几年仔猪腹泻正蔓延全球，以高感染率、高死亡率引起全球养猪者的关注。

（二）猪疫病防控的主要措施

面对复杂多变的猪病，疫病防控应遵循"养重于防、防重于治、防治结合"的原则，建立有效的生物安全体系，制定科学的免疫程序，采取科学饲养、种源净化、环境控制、卫生消毒、免疫接种、疫病监测、群体保健和无害化处理等切实有效的综合防控措施以确保猪群健康。这要求猪场疫病防控策略由传统的针对个体防控转向群体防控。猪场兽医要从传统的治疗型兽医转变为预防和保健型兽医，而且还要上升到管理型兽医。猪场兽医应对猪群的群体免疫水平和健康情况了如指掌，建立群防群治的管理体系，熟悉猪场生产流程，重视生产管理的每个细节。猪场一旦发现猪病要及时做出正确的诊断，果断给出处理意见。

1. 种猪控制

《国家中长期动物疫病防治规划（2012—2020年）》指出，加快实施种猪健康计划，要进一步掌握原种猪场主要垂直传播性动物疫病流行状况，为制定种猪疫病净化政策提供科学依据，2012年农业部开始对100个重点原种猪场开展了主要垂直传播性疫病的监测工作。健全种猪疫病的防控体系是养好种猪和提高种猪产品的保障，而保证种猪的健康是整个养猪生产的关键环节，是猪场疫病控制的核心。

（1）引种与隔离　引种是所有猪场必须面对的问题，但又是最头痛的问题。一是怕引种不纯，引入的种猪与期望值相距太远；二是怕引入新的疫病。所以一个完善的引种方案非常重要。引种方案的确定分为以下几个阶段。第一阶段是引种前准备阶段：明确引入猪的品种、品系、体重、公母头数；调查当地疫病流行情况，了解引种猪场疫病情况与免疫程序及保健方案；了解引种猪场种猪选育标准。第二阶段是种猪的挑选：详细掌握引种猪场种猪的品种、品系及各品种存栏种猪头数，最好到饲养单一品种的农业部定点种猪场引种；引种时，除对猪的外形挑选外，还要对重要的猪病比如猪瘟、猪伪狂犬病等进行检测评估，避免引入新的疫病。第三阶段是引种后的隔离阶段：种群引进后要采取科学合理的隔离和适应措施，其目的在于，一是维持原有猪群的健康状态，即避免引进种猪的同时把疾病引了回来；二是适应原有猪群中的病原，让引进种猪接触并逐渐适应本场的微生物环境；三是让引进的种猪适应引进猪场的生产流程和生产管理，最大限度地降低引进种猪和原有猪群的死亡风险。隔离圈舍应设在远离猪场的地方，并要保持舒适的环境，饲养密度以每头 2 米^2 为宜。引种后至少应有 4 周的隔离时间（根据需要可能会更长）。第四阶段是隔离后混群阶段：经过隔离，引进猪群应密切观察，注意生产性能评价，淘汰不合格种猪。

（2）**种猪净化** 是指在某一限定地区或养殖场内，根据特定疫病的监测结果，及时发现并淘汰各种形式的感染猪只，使限定猪群中某种疫病逐渐被清除的疫病控制方法。国际上的疫病净化需要经过 3 个步骤。第 1 步：全群进行广泛高密度的免疫接种，提高群体的免疫力；第 2 步：全面停止疫苗免疫，建立完善的疫情监控体系，对感染场进行全面的扑杀，并对所有病例进行全面的流行病学调查；第 3 步：宣告扑灭净化疫病，在停止使用疫苗且无病例发生后 1 年开始计时，计时开始后继续进行监控并停止使用疫苗，无此疫病发生宣布净化疫病。然而在我国疫情复杂的情况下，疫苗的停止使用是不现实的，全群扑杀也是难以做到的，所以针对我国猪场的实际，我们提出了规模化猪场的中国式疫病净化策略。

传染病在猪场的发生和流行必须具备 3 个环节——传染源、传播途径和易感猪群，只要切断其中的任一环节，传染病就不能传播与流行。疫病净化策略就是从这 3 个环节入手：利用现代实验室技术筛查并清除猪场的发病种猪和隐性带毒种猪，减少活的传染源；通过粪尿的及时处理，弱仔猪和死胎等的焚烧处理，猪场环境的彻底消毒，切断传播途径；对易感猪群和带毒种猪产的仔猪使用安全高效的疫苗保护起来。通过对上述 3 个环节采取的措施，达到降低猪场病原体数量，为健康猪群建立保护屏障，使猪场形成一个良性循环，最终实现中国式疫病的净化目标。

（3）无特定病原体猪（SPF 猪）应用 SPF 猪是指猪群无某种特定病原微生物疾病和寄生虫疾病，呈明显的健康状态。SPF猪是对妊娠末期的健康母猪通过子宫切除或子宫切开手术获取的仔猪，在无菌环境中饲喂超高温消毒牛奶，在此期间，给仔猪接种乳酸杆菌，增强其消化功能，21 天后转入环境适应间饲养 4～6 周，待其产生对环境的适应能力后转入严格卫生管理的猪场育成，这样育成的猪称为初级 SPF 猪。初级 SPF 猪正常配种繁殖生产的后代称为二级 SPF 猪。SPF 猪应用已经形成实验室监测、仔猪获取、隔离寄养、性能测定、SPF 猪核心群选育和扩繁以及相关配套技术标准等多位一体的完整的 SPF 猪应用技术体系。SPF 技术从育种保种这一源头上对疫病进行防控，对全国生猪产业发展意义重大，既可以节约每年的引种费用，也能够做到健康安全的食品质量追溯，还能够提供较好的实验动物，完全符合都市型现代畜牧业发展的要求。以建立 SPF 级核心种源（原种场和保种场）为切入点，逐步建立和完善无特定病原的高健康生猪繁育生产体系，是切实提高我国生猪产业猪群健康水平，促进并实现我国现代生猪产业持续良性发展，为人民提供优质安全猪肉食品的必要途径。因此推进SPF 猪的产业化发展具有十分重要的意义。

2. 环境控制

养猪效益很大部分取决于养猪的环境。在舒适的环境中，猪活力旺盛，免疫抵抗能力强；而在恶劣的环境中，猪抵抗力差，容易感染疾病，还容易受到环境的刺激，造成不应有的伤害。所以环境控制是养猪者必须处理好的问题。

（1）温度 温度在环境诸因素中起主导作用。猪是恒温动物，正常的体温是为 38～39.5 ℃（直肠温度），对外界温度的要求比较严格，温度过高或过低都会影响猪的生长发育。温度过低时会造成饲料消耗增加，饲养成本增加，严重的还会引起猪发病甚至死亡。温度过高（达到 40 ℃）时，无论是种猪、母猪还是仔猪，都无法支持下去，甚至造成死亡。因此夏季气温过高不仅影响猪的采食和增重，而且可能导致中暑甚至死亡，故必须采取降温措施，如在地面喷洒凉水、圈外搭凉棚、设置洗浴池、通风、供足水等，以防止中暑。冬季养猪，一定要搞好防寒保暖工作，冬季的保温方式有：一是热水采暖，是以水为热媒的采暖系统，由于水的热惰性较大，采暖系统的温度较稳定均匀；二是热风采暖，是利用热源将空气加热到要求的温度，然后用风机将热空气送入采暖间；三是局部采暖，主要应用在产仔母猪舍的仔猪活动区加热地板，有热水管和电热线两种；四是利用温室效应给猪舍增温，是冬季光照条件好的地区的一种采暖方式。

(2) **湿度**　湿度是用来表示空气中水汽含量多少的物理量，常用相对湿度来表示。舍内空气的相对湿度对猪的影响与环境温度有密切关系。相对湿度过低时猪舍内易飘浮灰尘，对猪的黏膜和抗病力不利；相对湿度过高会使病原体易于繁殖，也会降低猪舍建筑结构和舍内设备的寿命。适宜猪生活的相对湿度为 $60\% \sim 80\%$，试验表明，在气温 $14 \sim 23\ ℃$，相对湿度 $50\% \sim 80\%$ 的环境下最适合猪生存。为了防止湿度过高，首先要减少猪舍内水汽的来源，少用或不用大量水冲刷猪圈，保持地面平整，避免积水，设置通风设备，经常开启门窗，以降低室内的湿度。

(3) **通风**　现代猪场由于猪群的密度大，猪舍的容积相对较小而密闭，猪舍内蓄积了大量二氧化碳、氨气、硫化氢和尘埃等。猪若长时间生活在这种恶劣环境中，上呼吸道黏膜就会受到刺激，引起炎症，最终导致猪易感染或激发呼吸道的疾病。猪场消除或减少猪舍内的有害气体，除了搞好猪舍内的卫生管理，及时清除粪便、污水，避免在猪舍内腐败分解外，还要注意通风换气。猪舍通风是现代化养猪中的重要技术。合理的通风可达到：排除过多的水汽，使舍内空气保持适宜的相对湿度；冬天防止水汽在墙壁、天棚等表面凝结；维持适中的气温，防止舍温剧烈变化；保证猪舍内气流均匀、稳定、无死角，不会形成贼风；清除空气中的灰尘、微生物，以及氨气、二氧化硫、二氧化碳、粪臭等。猪舍通风有两种方式：自然通风和机械通风。猪舍的自然通风是指不需要机械设备，而借自然界的风压或热压产生空气流动。猪舍机械通风主要有三种方式，即负压通风、正压通风和联合通风。

（4）消毒 消毒是指通过物理、化学或生物学的手段杀灭或清除环境中病原体的技术和措施。消毒的主要目的是消灭传染源。病原微生物生存于养猪生产的各个角落，如空地、舍内等场所。在现代化养猪中，尽管有时没有发生疫病，但如果不及时消毒与净化环境，病原微生物达到一定程度时就可能引发疫病流行。良好的消毒可控制病原微生物的繁殖生长及传播，从而降低猪只生长环境中的病原微生物数量，给猪群提供一个良好的生存环境。因此消毒是规模化养猪中兽医防疫工作的一项重要内容，是预防和扑灭猪传染病的重要措施之一。下面章节会对消毒进行全面讲解，这也是本书的重要内容之一。

3. 免疫预防

流行性是指传染病能够通过直接接触或通过媒介物在易感动物群体中互相传染的特性。猪场传染病的流行过程就是从个体感染发病到群体发病的过程，也就是传染病在猪场中发生发展的过程。传染病流行的3个条件必须同时存在并相互联系才能使疾病在动物群中流行。易感性是指动物个体对某种病原体缺乏抵抗力而容易被感染的特性。动物群体易感性是指一个动物群体作为整体对某种病原体易感性的大小，取决于群体中易感个体所占比例和机体的免疫强度，其决定传染病能否流行及流行的强度。易感性主要是由动物遗传特性及其特异性免疫状态等内在因素决定，也受其他外界因素如气候、饲料、饲养管理、卫生条件、健康状态和应激因素等的影响。传染病防制措施的制定应坚持"预防为主、养防结合、防重于治"的原则。预防为主的重要体现就是免疫预防，免疫预防的重要体现就是预防接种，预防接种是指为控制动物传染病的发生和流行，减少传染病造成的损失，根据一个国家、地区或养殖场传染病流行的具体情况，按照一定的免疫程序有组织、有计划地对易感动物群进行的疫苗接种。群体免疫密度高时，动物群中可形成免疫屏障，从而保护动物群不被感染；相反，免疫接种率低或不进行免疫接种，由于易感动物集中，病原体一旦传入即可在群体中造成流行。免疫预防的效果如何，免疫评价体系如何，本书将在后面进行重点阐述。

4. 加强饲养管理

众所周知，优良的品种、全面的营养、健全的免疫、良好的环境是养猪的四大基础，但是猪场具备这四大基础不等于一定能把猪养好。很多猪场常讲：管重于养，养重于防，防重于治，综合防治。规模化养殖又称为生产线化养殖，也就是采用流水式作业模式，这表现为养猪生产中每个环节相连性显得更加紧密，如后备母猪过肥、过瘦或食欲差等，都会影响其发情，从而影响母猪怀孕环节；而怀孕母猪管理不好，更会导致早产率、仔猪畸形率、死胎率增加，严重影响整个养殖场的效益。饲养管理在养猪生产环节中很关键。所以猪场好的效益还要有好的饲养管理。饲养管理不能仅停留在纸面与口头上，而是要落实到具体执行中。好的饲养管理不仅有完善的规章制度与具体操作规程，更重要的是发挥饲养人员的主动性，激发大家的责任感，把要求落实到工作中，所以饲养管理的关键在于人的培养与管理。

5. 药物保健

猪病非常复杂，如何有效地控制猪病成了猪场饲养管理的重中之重。目前猪场在猪病防治中存在着很多错误观念，比如只关心把猪病治好，不问如何让猪不发病；只重视个体治疗，忽视猪群整体防治。预防是主动的，治疗是被动的。一旦猪感染疾病，既花费了大量的治疗费用、增加了饲料成本，又造成猪只生长停滞、影响生产性能。所以要想养好猪，预防保健用药是最关键最经济的措施。

(1) 合理用药　如何合理地使用药物成为养猪业面临的一个严峻课题，减少抗生素的使用意味着更大的疾病风险，更严格的饲养管理；增加抗生素的使用量将面临着无药可用或是违规用药的局面。根据中国兽医药品监察所2009年中国兽用药品统计资料显示：70％的药品为抗微生物类药，11％的药品为抗寄生虫类药，这两类药品主要为抗生素和磺胺类药物。除此之外，消毒药、消炎药和调节代谢药品不足15％，而解热镇痛药品仅占2.5％。猪场合理用药应考虑以下因素：明确诊断、正确选用抗菌药；根据药物代谢制订合理的给药方案；每年更换一种有效成分完全不同的药物，防止耐药性产生；抗菌药物的合理联合应用；合理使用抗菌药物添加剂；严格遵循休药期，避免药物残留。

（2）保健预防　保健是在免疫疫苗和改善饲养条件的基础上，在猪群病原微生物感染初期或应激发生前后向猪群投放保健药物，以增强体质和提高免疫力为目标的预防性措施，是现代化养猪业控制疾病，尤其是控制传染病及多重混合感染、并发症、继发症的重要措施之一。保健预防要求猪场要按照猪不同的生长发育阶段、季节变化与猪群不同阶段疾病发生特点，有针对性地选择药物进行保健预防。

① 中药制剂　我国化学药物抗生素的使用被严格限制，国家颁布了无公害兽药使用准则、饲料添加剂使用条例等规范，2006年欧盟已经全面禁止使用抗生素，在一些疫病的预防与控制中，中药制剂发挥的作用越来越明显。猪场要根据以往的发病规律，在中兽医理论框架下改变用药观念，建立相应的中西药防疫技术模式，把中药的使用纳入防疫规程中，既防病治病，又杜绝化学药品残留，保证产品安全优质无污染。猪场用中药制剂应注意如下几点：第一，新炮制方法制作兽用中药制剂，以获得更优异的药性；第二，新工艺制造兽用中药产品，使药物有效成分充分从植物细胞壁中释放出来提高药效；第三，配伍方剂的创新，用中药保健预防疫病或促进猪生产性能。

② 微生态制剂　微生态制剂是在微生态学理论指导下，将从动物体内分离的有益微生物，经特殊工艺制成的含活菌或者包含细菌菌体及其代谢产物的活菌制剂。使用微生态制剂的最终目的是维持猪消化道内微生物的良好平衡，提高饲料利用率，防治疾病，提高猪的生产力。微生态制剂主要包括益生元、益生菌及合生元等。微生态制剂为饲料和养殖业提供了一条高效无害无污染的新选择。它的产生和发展顺应了当前高新技术产业化和注重环保的主流，只要能发挥其优势，很好地解决目前生产和应用中的问题，微生态制

剂必将成为本世纪饲料添加剂中的主导产品。

③ 细胞因子制剂　细胞因子是一类能在细胞间传递信息、具有免疫调节和效应功能的蛋白质或小分子多肽。细胞因子制剂具有抗病毒、抗细菌、抗应激、改善机体免疫力的功能，而且毒性低、不良反应少、使用方便。中药制剂与细胞因子制剂联合用药，在临床上能充分发挥中草药标本兼治与细胞因子的协同和促进作用，有效的扩大抗病毒作用与抗细菌谱，增强对病原体的杀灭能力，防止"超级细菌"的出现，可明显地提高疫病的防治效果。

（三）疫病监测及暴发疫情后的处理措施

随着养猪由散养到规模化饲养的改变和科技的进步，养猪者的观念也发生了深刻的转变。作为现代化的养猪企业，疫病的控制不能只停留在被动免疫和治疗上，而是应科学规划如何建立和完善猪场疫病预警体系与控制系统。猪场需要结合自身的特点，建立一套因地制宜、切实可行的疫病预警与疫苗免疫程序及免疫监测评价系统，从而避免仅仅注重治病与表面重视疫苗免疫而忽视了免疫接种的实际效果。所以疫病监测是猪场防疫工作的重要组成部分，在整个兽医工作中具有突出地位，发挥着举足轻重的作用。建立与健全疫情暴发后应急机制，保证在发生疫情后，能够及时、迅速、高效、有序地进行应急处置，最大限度地减轻疫情对猪场的危害，确保猪场健康持续发展。

1. 疫病监测

猪场疫病的有效预防和控制是其获取最大效益的重要因素，适时准确的诊断和监测是猪病防控中的关键环节，而诊断和监测需要实验室工作。

猪病诊断与监测是利用各种合适的检测手段证明猪体（群）疫病或病原存在的过程。它包括病理学、血清学、病原学、分子生物学诊断等一种或多种检测方法。通过实验室诊断一方面可以确定病原和猪体（群）之间的关系，明确疫病存在状况，在一定的时间段对猪病的发生、发展、流行、分布及相关因素进行系统的流行病学调查，进行猪群疫情监测；另一方面通过免疫抗体的检测以衡量免疫水平，进行健康监测。猪场实验室检测有如下 4 个目的：一是掌握疫病在猪场的流行动态；二是评估猪群中疫苗的免疫效果；三是检测发病猪体内的病原，确认猪群发病的原因；四是在引种时进行疫病抗原检测，剔除隐性带毒猪。按照采样的原则采样，对样品进行合适的处理，正确的保存和运输是保证实验室检测效果的前提。猪场通过适时与科学合理的采样，选择专业化的实验室进行诊断与监测，既可以帮助养猪者制定科学的疫病防治策略，建立有效的净化措施，保证猪群健康，提高生产质量和经济效益，还有助于整个养猪业的健康持续发展。

2. 暴发疫情后的处理措施

根据我国相关法律与法规，猪场暴发疫情后的处理措施有以下几项，需要相关养殖者根据猪场疫情按兽医主管部门的要求严格执行。

（1）隔离封锁 隔离病畜和可疑感染的病畜，是防治传染病的重要措施之一，其目的是为了控制传染源，防止动物继续受到传染源传染，以便将疫情控制在最小范围内，加以就地扑灭。

（2）上报疫情 根据《中华人民共和国动物防疫法》及有关规定，国务院畜牧兽医行政管理部门主管全国动物疫情报告工作，县级以上地方人民政府畜牧兽医行政管理部门主管本行政区内的动物疫病报告工作。动物疫情实行逐级报告制度。

（3）临时消毒 即紧急消毒，是在发生疫病期间，为及时清除、杀灭患病猪排出的病原体而采取的消毒措施。如在隔离封锁期间，对患病猪的排泄物、分泌物污染的环境及一切用具、物品、设施等进行的多次、反复消毒。

（4）紧急接种 是指发生传染病时为了迅速控制和扑灭传染病的流行，而对疫区和受威胁区进行的应急性接种。对于受威胁区的紧急免疫接种，目的是建立"免疫带"保护区，以防蔓延。

（5）抗菌 双倍剂量饲喂和气丰利或呼诺芬 7 天，防止细菌继发性感染。

(6) 补液 双倍剂量饮用乳倍康 7 天，补充电解质和维生素，增强抵抗力。

(7) 无害化处理 当猪场发生重大疫情时，除对病死猪进行无害化处理，还应根据动物防疫主管部门的决定，对同群猪或感染疫病的猪进行扑杀，进行无害化处理。无害化处理过程必须在猪场兽医或上级防疫部门的监督下进行，并认真对无害化处理猪的数量、死因、体重及处理方法、时间等进行详细记录、记载。无害化处理完后，必须彻底对其圈舍、用具、道路等进行消毒，防止病原传播。

① 粪污处理 粪便及污物应进行发酵无害化处理，污水经严格消毒处理后才能排放，避免病原向外扩散。

② 尸体处理 对猪尸体的处理达到对环境无危害的状态，杀死其体内的寄生虫、病原微生物。目前常见的处理方法共四种，焚烧法、填埋法、堆肥法和高温熬煮法。焚烧法，即把猪尸体放到焚烧沟或焚烧炉内，直至烧至焦炭状为止。一般具有传染性的疫病在高温下可灭绝。这也是目前大型现代化的养殖场常采用的方法，场内建有焚烧炉，专门进行处理。焚烧法是未来处理动物尸体的较佳方法。

二、消毒技术

消灭传染源、切断传播途径、保护易感猪群是猪场防控传染病的重要措施。其中消灭传染源和切断传播途径与消毒密不可分。本章节对猪场消毒作一个全面详细地阐述，为猪场防控疫病提供重要参考。

（一）猪场消毒

消毒是指杀灭或清除病原微生物（如细菌、病毒和寄生虫等），防止病原微生物的产生和传播，为猪群提供一个健康的生长环境。消毒在养猪过程中具有重要意义，猪场通过消毒可以减少病原微生物种类与数量，减少猪群发病，保证猪群健康，为养猪者取得最大收益。猪场消毒主要包括隔离消毒、猪舍消毒、带猪消毒、水消毒、污水与粪便消毒、尸体消毒、紧急消毒与猪体消毒8项内容。

1. 隔离消毒

隔离消毒是猪场严格落实生物安全的首要保障，对于出入猪场的人员、车辆、器具设备等都要进行严格的消毒，防止将病原微生物带入猪场内。

（1）人员消毒　人员可能被病原微生物污染，成为传播疫病的媒介。猪场必须建立严格的人员进出登记制度，尽量杜绝外来人员进出。若人员从外面进入猪场，需进行严格的人员消毒，防止把病原微生物带入场内。人员消毒设施包括在猪场大门入口处设置喷雾消毒器、紫外线杀菌灯和消毒槽，生产区建立更衣室、消毒室和淋浴室。

① 常用消毒剂

A. 喷雾消毒剂　（金）卫康、过氧乙酸。

B. 消毒槽消毒剂　烧碱和农喜福。

C. 洗手消毒剂　（金）卫康、新洁尔灭。

② 消毒标准

A. 喷雾消毒　喷雾消毒是目前外来人员进入猪场生活区的主要消毒方式。喷雾消毒需注意以下 3 点：

a. 选择无刺激性与腐蚀性的消毒剂。

b. 选择专用的喷雾消毒设备。

c. 采用自动密闭门系统，充分达到消毒效果。

B. 紫外线消毒　紫外线照射消毒需要足够数量的紫外线灯管与足够强度的紫外线，而且需要长时间近距离照射。由于紫外线会直接损害人体健康，所以现在很少直接用于人体消毒，而多用于物品的消毒。紫外线消毒按照 1 米^3 不低于 1 瓦的要求配制紫外灯。例如消毒室面积 25 米^2，高度为 2.5 米，要配备 40 瓦紫外灯 1 支。紫外灯消毒照射的时间应不少于 30 分钟。

C. 消毒槽消毒　操作中注意以下 5 点：

a. 消毒液达到一定的有效浓度。

b. 鞋子在消毒前要先把鞋子底面的污物刷洗干净。

c. 消毒池要有足够的深度，鞋子底部充分接触消毒液。

d. 消毒液保持新鲜，防止消毒剂时间久了失效。

e. 鞋子在消毒液中浸泡时间至少达到 1 分钟。

D. 洗手消毒　洗手消毒注意 3 点：

a. 合理选择消毒剂，避免使用对皮肤有刺激性与腐蚀性的消毒剂。

b. 洗手盆放置 2 个，一个放消毒剂，一个放置清水。

c. 擦手毛巾应定期消毒与更换，最好安置洗手烘干机。

E. 生产区消毒　生产区的消毒至关重要，应高度重视，建议执行如下的消毒程序。

a. 从生活区进入生产区：人员换衣服与鞋→洗澡→换工作服与鞋→经喷雾消毒→进场。

b. 从生产区进入生活区：人员换工作服与鞋→洗澡→经喷雾

消毒→换衣服与鞋→出生产区。

c. 生产区的工作人员要遵守下面要求：进入生活区必须要更衣换鞋；上班时，换下的衣服、鞋帽等留在消毒房外间衣柜内，经洗澡后，穿上工作服、工作靴；下班时，工作服留在里面衣柜内，然后在外间穿上自己的衣服鞋帽；换衣间内必须保持整洁，工作服、毛巾折叠整齐，禁止随意乱放，胶鞋放在自己的编号柜下；地面、洗澡房要保持清洁干净、整齐有序，无臭味；工作服、工作靴等不得乱拿乱放，要整洁、整齐；地面要每天消毒一次，消毒室每天要紫外线照射一次；员工出入猪舍时均要经过脚踏消毒池消毒。

(2) 车辆消毒　车辆是病原微生物的重要携带者，特别是长途行驶车辆及频繁进出其他猪场的车辆。猪场管理者应严格控制车辆进出猪场，无特别需要，车辆一律停在场外。如确实需要车辆进入猪场时，车辆应同外来人员一样，进行彻底消毒，否则车辆也可能给猪场带入病原微生物，威胁猪群健康。

① 消毒药物　百毒杀、过氧乙酸、农喜福等。

② 消毒标准　车辆应严格执行如下程序：冲洗清洁车辆—喷洒消毒剂—驶入大门消毒池—指定区域停放。消毒注意3点：

A. 冲洗清洁车辆应在转运货物前进行，保证清洁彻底，特别注意轮胎与底盘等要冲洗清洁；如进场前车辆无货物，则要在猪场附近再清洗1次。

B. 入场前喷洒消毒剂，避免使用腐蚀性强的消毒剂，注意对驾驶室及隐蔽处的喷洒消毒。

C. 车辆驶入大门消毒池，最好缓慢行驶，轮胎与消毒池消毒液充分接触。

(3) 出入器具设备消毒　出入猪场的器具与设备，也可能成为病原微生物携带者，猪场根据各种器具与设备的特点，对其进行消毒处理。

① 消毒药物　福尔马林、新洁尔灭、过氧乙酸、（金）卫康、戊二醛、75％酒精等。

② 消毒方法　紫外线照射、消毒药液喷雾、浸泡或擦拭、高

压灭菌等。

2. 猪舍消毒

猪舍是猪群的生长场所，特别是规模化猪场，猪几乎整个生产周期都在猪舍内度过。猪舍内病原微生物最复杂，猪舍严格的清洗与消毒，对控制猪病的发生起着非常重要的作用。由于猪舍的特殊性，其消毒有一些特别的要求：

（1）引进猪群前，空舍消毒遵循下列顺序：彻底清除猪舍内的残留粪尿及垫料；用高压水彻底冲洗顶棚、墙壁、门窗、地面及其他一切设施，直至洗涤液透明为止；猪舍经水洗、干燥后关闭门窗，熏蒸消毒 18 小时，然后开窗通风 24 小时；也可用火焰喷射器彻底消毒。

（2）猪舍消毒时，注意人员与器具设备的安全。

（3）对猪舍的使用应合理安排，保证有充足的时间进行消毒。

（4）消毒完毕，进猪前要用清水冲洗器具，防止消毒剂有异味残留。

3. 带猪消毒

规模化养猪，猪群中有一些猪存在免疫带毒或免疫临床发病，这一部分猪是病原微生物的携带者与散播者。由于目前技术与生产水平的限制，对于带毒猪除了适度淘汰外，还应采取免疫和消毒措施，以减少猪群中疫病流行风险。因此带猪消毒是减少猪舍内病原微生物种类与数量，降低猪群疫病暴发的重要措施。

（1）消毒剂选择 猪的嗅觉非常灵敏且皮肤黏膜系统比较敏感，因此应选择毒性小、刺激性小与腐蚀性小的消毒剂。目前猪场常用的消毒剂有 0.5% 的过氧乙酸、0.1% 的新洁尔灭溶液、（金）卫康等。

（2）注意事项

① 消毒前应彻底清除圈舍内的粪尿及饲料残留等，移走不必要的物品，一方面，清除其可能含有的病原微生物；另一方面，减少其与消毒药接触，增加消毒效果。

② 一定选择适宜的消毒剂，避免使用刺激性强的消毒剂损伤黏膜系统激发呼吸道疾病，避免腐蚀性强的消毒剂引起猪皮肤与趾

蹄的损害，加大淘汰率。

③ 采用喷雾、喷洒、擦拭等多种消毒方式，保证消毒效果。

④ 注意选择适宜消毒时间与合理安排消毒频率：冬春季节选择气温较高的时间段进行，以减少舍内温度下降对猪群的刺激；夏秋季节选择在午后消毒，起到降温的作用。带猪消毒一周一次，在紧急或发病情况下，每周 2～3 次或隔日一次。

⑤ 喷雾消毒时要保证雾滴达到气雾剂的标准，这样雾滴能在空气中存在较长时间，既节省了消毒剂，又净化了舍内的空气质量，增强消毒效果。

4. 水的消毒

水在养猪中的重要性越来越被重视，水质的好坏对于猪的健康非常重要。特别是近年来养殖环境的恶化与水土污染的加剧，为猪群提供清洁的水是养猪者面临的重要考验。因此猪场对水的消毒应该予以高度的重视。

(1) 水的消毒处理　水的消毒方法主要包括物理消毒法和化学消毒法。物理消毒法有煮沸消毒、紫外线消毒、超声波消毒等方法，由于猪场中多采用自打井供水，而且用量大，物理消毒法受到限制。目前，猪场多采用化学消毒法对水消毒。

化学消毒法，是通过使用消毒剂对水进行消毒的一种方法。理想的水消毒剂应具有无毒、无刺激、使用方便、便于运输和保存的特点，而且对水中的病原微生物杀灭力强，杀菌谱广，不会与水中的其他成分发生反应、产生有毒有害物质。

目前常用的化学消毒剂主要包括（金）卫康、漂白粉等。

①（金）卫康　是目前猪场常用的一种消毒剂，其在水中经过链式反应连续产生次氯酸、新生态氧，氧化和氯化病原微生物，干扰病原微生物 DNA 和 RNA 的合成，使病原微生物的蛋白质凝固变性，进而干扰其代谢，造成病原微生物溶解破裂，最终将其杀灭。

② 漂白粉　漂白粉在水中释放出的次氯酸起到杀菌作用，其消毒效果受使用浓度和作用时间、水的酸碱度和水质、环境和水的

温度、水中有机物等因素的影响。氯制剂的突出优点是成本较低、使用方便，缺点是与水中的有机物反应能产生多种有害物质。

(2) 水的人工净化 规模化养猪场的水源主要是地表水、地下水和自来水。其中自来水是最安全卫生的，但是由于使用成本较高，使用受到限制。目前，猪场水源用的较多的是地下水和地表水。地下水和地表水中可能存在有毒有害物质且含量超出了国家饮用水标准，因此猪场对地表水和地下水，都应经消毒灭菌后方可使用。

① 混凝沉淀 水静止或水流缓慢时，水中的悬浮物可逐渐向水底下沉，从而使水澄清，此即自然沉淀。但水中有些物质（较细的悬浮物及胶质微粒因带有负电荷，彼此相斥）本身不易凝集沉降，必须在明矾、硫酸铝和铁盐（如硫酸亚铁、三氯化铁等）等混凝剂的作用下才能沉降，这就是混凝沉淀。采用混凝沉淀的方法，可以使水中的悬浮物减少 70%～95%，除菌效果可达 90%左右。混凝剂的用量可通过混凝沉淀试验来确定，浑浊度低或温度较低的水，往往不易混凝沉淀，此时可加助凝剂（如硅酸钠等）以促进混凝。

② 砂滤 是将水通过砂层，使水中的悬浮物、微生物等阻留在砂层的上部，从而使水得到净化。砂滤的基本原理是阻隔、沉淀和吸附作用。滤水的效果由滤池的构造、滤料粒径的适当组合、滤层的厚度、滤过的速度、水的浑浊程度和滤池的管理情况等因素决定。

(3) 供水系统的清洗消毒 优质的水到达猪舍，需要注意供水系统的清洗与消毒，供水系统也是影响水质的重要一环，因此猪场对供水系统清洗消毒遵循如下步骤：

① 应先关闭阀门，停止进水，然后打开泄水阀门进行排水。

② 用蜡烛做缺氧试验，发现缺氧要及时进行通风。

③ 供水设施消毒时统一穿着工作服、工作帽、连衣水裤或胶鞋。

④ 对储水设施进行全面清洗后，将污水排净。

⑤ 配制有效氯含量为每单位 400 克的消毒液，对储水设施进行全面消毒，接触时间不低于 30 分钟。

⑥ 将储水设施清洗消毒两次以上，清洗完毕后，排净污水。

⑦ 严密密封储水设施密封盖、通气孔等部位，保证水质不受其他污染。

5. 污水与粪便消毒

规模化养殖在提高养猪生产效率的同时，产生了大量的粪便、污水，若处理不当，不仅会给周围环境造成极大的污染，也会对猪场的生物安全带来极大的威胁。因此，猪场污水与粪便的科学合理处理是现代化养殖的重要考核指标。

（1）污水消毒

① 消毒剂选择　漂白粉、生石灰、农喜福。

② 消毒方法　猪场污水可采用沉淀法、过滤法、化学药品处理法等方法进行消毒，其中化学药品消毒法最为常见。首先将污水处理池的出水管关闭，将污水引入污水池，随后加入消毒剂进行消毒。消毒后将闸门打开，使污水流进处理池净化处理。

（2）粪便消毒

① 消毒剂选择　漂白粉溶液、石灰乳、农喜福。

② 消毒方法　猪粪便中可能含有众多的病原微生物和寄生虫卵。如果粪便不进行消毒处理，容易造成污染和疾病传播。因此，猪粪便应该进行严格的清理消毒。常见的消毒处理有如下几种：

A. 焚烧法　此法适宜小型养殖户，不适宜规模化猪场。在地上挖一个壕，在距壕底 40～50 厘米处加一层铁梁，在铁梁下面放置木材等燃料，在铁梁上放置欲消毒的粪便，如果粪便太湿，可混合一些干草，方便烧毁。此方法繁琐、费时费力，很少在实践中使用。

B. 消毒剂消毒法　粪便中添加含 2%～5% 有效氯的漂白粉溶液或 15% 石灰乳。此种方法既繁琐，消毒效果又有局限性，故实践中不常使用。

C. 掩埋法　将粪便与漂白粉或新鲜的生石灰混合，然后深埋于地下，埋的深度应达 2 米左右。此种方法费力费时，且病原微生物易经地下水散布，造成环境的污染，故很少用。

D. 生物热消毒法　又分为发酵池法和堆粪法两种，是目前国家大力提倡的科学处理粪便的方法。

a. 发酵池法　在距猪场 200～250 米以外无居民、河流、水井的地方挖 2 个或 2 个以上的发酵池，筑成方形或圆形，池的边缘与池底用砖砌后再抹以水泥，使其不透水。使用时先在池底倒一层干粪，然后将每天清除出的粪便、垫草等倒入池内，快满时在粪便表面铺一层干粪或杂草，上面盖一层泥土封好。如条件许可，可用木板盖上，以利于发酵和保持卫生。粪便经上述方法处理后，经过 1～3 个月即可取出作为肥料。

b. 堆粪法　在距猪场 100～200 米的地方，挖一浅沟，深约 20 厘米，宽 1.5～2 米。先将粪便或垫草等堆至厚 25 厘米，其上堆放欲消毒的粪便、垫草等，高 1.5～2 米，然后在粪堆外再铺上厚 10 厘米的垫草，堆放 3 周至 3 个月，即可用以肥田。

6. 尸体消毒

猪的尸体含有较多的病原微生物，特别是病死猪的尸体。如果不及时科学处理尸体，会使其病原微生物污染空气、水源和土壤，造成病原微生物在猪场的定殖与猪群中的传播。因此，猪场必须对死猪及时科学的无害化处理。常见的处理病死猪的方法有如下几种。

（1）焚烧法　是一种较完善且消毒彻底的方法，该方法在国外推广使用近 30 年，目前是我国规模化猪场大力提倡的方法。焚烧法需要动物的焚烧炉，对于中大型的猪需要在焚烧时添加煤油或汽油。

（2）高温法　此法是将猪放入特制的高温锅（温度达 150 ℃）内或有盖的大铁锅内熬煮，能够达到彻底消毒的目的，但该法费时费力，不值得推广。

（3）土埋法　是利用土壤的自净作用使其无害化。土埋时，埋尸坑远离畜舍、放牧地、居民点和水源，尸体掩埋深度不小于 2

米。掩埋前在坑底铺上 2～5 厘米厚的石灰，尸体投入后，再撒上石灰或洒上消毒药剂，埋尸坑四周最好设栅栏并做上标记。因其无害化过程缓慢，某些病原微生物能长期生存，从而污染土壤和地下水，并会造成二次污染，所以不是最彻底的无害化处理方法。在猪场规模化程度高且养殖密集的地区，不建议采用此法。

7. 紧急消毒

猪场发生疫情后，发病猪经临床症状与解剖病理观察进行初步诊断后采取紧急措施，针对病毒性疾病紧急接种疫苗，针对细菌性继发感染采取抗生素药物保健，同时饮水中添加电解多维与葡萄糖以增强机体免疫力。发病猪的样品及时送检实验室进行抗原检测与药敏实验，根据实验室结果修正或完善防疫方案。猪场发生疫情后针对猪场病原微生物数量与种类的大量增加，采取以上防疫方案的同时还要采取紧急消毒措施。

紧急消毒是在疫情发生期间进行的，目的是消灭或减少发病猪所散布的病原微生物，最大程度的减少对其他猪的感染。因此发病猪所在的猪舍、隔离场、排泄物、分泌物及被病原微生物污染的用具和物品都是消毒的重点。同时对于全场所有场所也要采取更加严格与更高频次的消毒。

（1）一般场所消毒

① 用 2％的氢氧化钠溶液对猪场的道路、猪舍周围喷洒消毒，每天 1 次。

② 用 2％的氢氧化钠溶液等喷洒畜舍地面、畜栏，每天 1 次。

③ 带猪消毒时，用 1：500 的（金）卫康喷雾，每天 1 次。

④ 粪便、粪池、垫草及其他污物经 2％氢氧化钠溶液处理后再生物热消毒。

⑤ 封闭猪场，严禁人员出入。

⑥ 其他用具、设备、车辆用 2％的氢氧化钠溶液喷洒消毒。

（2）污染场所及污染器具消毒（表 1）

8. 猪体消毒

猪场在对猪从事外科手术或外伤处理时，需要做好猪体消毒，

表1　常见污染场所及器具消毒

消毒对象	消毒剂与方法	消毒时间
舍外污染环境	1∶400农喜福喷洒消毒	2小时
舍内地面	0.1%过氧乙酸擦地消毒	1小时
舍内空气	1∶500（金）卫康喷雾	1小时
料槽、水槽	1∶500（金）卫康浸泡消毒	30分钟
污染粪便	漂白粉干粉消毒	6小时
运输工具	1∶500（金）卫康	30分钟

防止二次感染，造成伤害。猪体的消毒主要包含下面几方面。

（1）先用碘酒后用酒精消毒，沿着伤口的边缘由里向外擦，不要把碘酒、酒精涂入伤口内。

（2）冲洗后可以在伤口表面涂上一些药品，小伤口可以在其浅表涂红药水或紫药水，较大伤口则不宜涂上述药水，以免给下步处理增加困难。

（3）伤口上可用消毒纱布或干净的绷带、布条等进行包扎，包扎时要注意松紧适宜，以免影响血液循环。

（4）处理较大创伤伤口时，必须详细检查，确定损失部位，然后采取方案。

（二）常用消毒剂及其作用原理

消毒剂的种类很多，其作用原理不同，猪场应根据其目的合理科学的选择，下面就常用消毒剂与其作用原理阐述如下。

1. 常用消毒剂

按种类、名称、成分、常用浓度、用法、使用范围、消毒对象汇总如表2。

2. 消毒剂的作用原理

（1）**氧化剂类**　是一类含不稳定结合态氧的化合物，遇到有机物或酶即可放出初生态氧，而后破坏病原微生物活性基因，发挥消

表2 常用消毒剂及其使用

种类	名称	成分	常用浓度	用法	使用范围	消毒对象
氧化剂	卫康	过硫酸氢钾	0.2%	喷雾	带猪舍、水、环境、器械	细菌、霉菌、芽孢、病毒、寄生虫
	高锰酸钾	高锰酸钾	0.1%	浸泡	皮肤、创伤	细菌、芽孢、病毒、寄生虫
	过氧乙酸	过氧乙酸	0.5%	熏蒸、喷雾	环境、猪舍、车辆、器械	细菌、真菌、芽孢、病毒、寄生虫
碱类	氢氧化钠	氢氧化钠	2%	喷洒	猪舍、环境	细菌、芽孢、病毒、虫卵
	生石灰	氧化钙	15%	喷洒	道路、墙壁	细菌、病毒、寄生虫
	氨水	氢氧化铵	10%	喷洒	环境、空栏	细菌、病毒、虫卵
醛类	福尔马林	甲醛	2%	喷洒、熏蒸	空舍、车辆、器械	细菌、霉菌、芽孢、病毒、寄生虫
	戊二醛	戊二醛	2%	浸泡	器械	细菌、芽孢、病毒
酚类	农喜福	复合酚	0.25%	喷洒	环境、空栏、车辆、粪便	细菌、芽孢、病毒、虫卵
季铵盐类	新洁尔灭	苯扎溴铵	0.1%	浸泡	环境、带猪舍、器械	革兰氏阳性菌、囊膜病毒
卤素类	碘伏	碘伏	1%	外用	皮肤、创伤	细菌、芽孢、病毒、真菌、原虫
	漂白粉	次氯酸钙	2%	浸泡	水	细菌、病毒
醇类	酒精	乙醇	75%	外用	皮肤、创伤、器械	细菌、有囊膜病毒

毒作用。常用的氧化消毒剂有卫康（过硫酸氢钾）、高锰酸钾、过氧乙酸等。

（2）碱类 其作用机理是氢氧根离子能水解蛋白质和核酸，使细菌酶系统和细胞结构受损，同时碱还能抑制细菌的正常代谢机能，分解菌体中的糖类，使菌体复活。它对病毒有强大的杀菌作用，可用于病毒性传染病的消毒，高浓度碱液亦可杀灭芽孢。碱类主要有氢氧化钠和生石灰。

(3) 醛类 此类消毒剂能够产生自由醛基，可作用于菌体蛋白的巯基、羟基、羧基和氨基，使之烷基化，引起蛋白质的凝固，病原微生物死亡。其中比较常用的有福尔马林、戊二醛。

(4) 酚类 酚类能使病原微生物的蛋白质变性、沉淀，从而起到杀菌作用，可用于杀死一般细菌，而复合酚能杀灭芽孢、病毒和真菌。其中比较常用的有农喜福。

(5) 季铵盐类 为阳离子表面活性剂，可改变细菌胞浆膜的通透性，使菌体物质外渗，阻碍其代谢而使细菌死亡，其中比较常用的有新洁尔灭。

(6) 卤素类 卤素对细菌原生质及其他结构成分有高度的亲和力，易渗入细胞，之后可与菌体原浆蛋白的氨基或其他基团相结合，使菌体有机物分解或丧失功能，呈现杀菌作用，其中比较常用的有碘伏。

(7) 醇类 醇类能使细菌脱水凝固死亡，而且醇类有溶脂的特点，因此对有囊膜的病毒也具有杀伤作用，其中比较常用的有75%酒精。

（三）保障消毒效果的措施

猪场成功的消毒能大幅度降低猪场发病的风险，保证猪场的健康生产。然而在消毒的过程中，消毒的效果受许多外来因素的影响，为了保障消毒的效果，建议猪场在以下几方面注意采取措施。

1. 加强隔离与卫生及管理

猪场出入人员、车辆等都具有携带病原微生物的风险，可能导致猪场疫病暴发。因此猪场必须加强隔离和卫生管理，注意以下七点：

（1）全进全出制：一批猪出栏后，猪舍空置2周，并进行彻底的清扫和消毒。

（2）进出人员严格执行消毒制度。

（3）饲养人员不得随意窜舍，不得相互使用其他圈舍的器具及设备。

（4）坚持自繁自养，如果引进猪只应严格执行隔离观察制度。

（5）病猪应及时隔离或扑杀。

（6）猪场内严禁饲养其他动物。

（7）做好猪场内以及周边的卫生。

2. 做好鼠类与虫类的消灭工作

老鼠经常携带病原微生物（如伪狂犬病毒、弓形虫等），是猪群疾病流行的重要传播媒介。老鼠还可造成饲料浪费及建筑物的破坏等。防鼠灭鼠的方法有器械灭鼠如鼠夹子、电子捕鼠器（电猫），化学药物灭鼠。化学药物灭鼠法在猪场比较常用，该方法见效快，成本低，但容易引起人畜中毒。因此，在选择灭鼠药时，要选择对人畜安全的低毒药物。

蚊虫是一些疾病的重要传播媒介，猪场应关注对蚊虫的消灭工作，猪场在日常管理中定期喷洒灭虫灭蚊药，还可以在猪舍内放置驱蚊灯，减少蚊虫对猪群的伤害，保证猪群的健康。

3. 制定并落实严格的消毒计划

猪场应制定并严格落实消毒计划，确定消毒药物及其使用浓度、方法，明确消毒工作的管理者和执行人，落实消毒工作责任，做好消毒工作。猪场应有明确的分工，定期对猪舍、道路、环境等进行消毒；定期更换消毒池内的消毒剂，保持有效的浓度；做好产房的消毒工作等。

发生疫情时，应加强猪舍的消毒。对于发病猪舍，应严格按照消毒程序进行，彻底清除猪舍中的病原微生物，防止残留的病原微生物传给下一批猪群。

4. 选择适宜的消毒方法

消毒方法受到以下因素影响，选择时注意评估其影响。

（1）根据病原微生物选择 各种微生物对消毒因子的抵抗力不

同，要有针对性地选择消毒方法。对于一般细菌繁殖体、亲脂性病毒、螺旋体、支原体、衣原体和立克次体等，可用煮沸消毒或低效消毒剂等消毒，如新洁尔灭等；对于结核杆菌、真菌等耐受力较强的微生物，可选择热力消毒或中效消毒剂；对于抵抗力较强的细菌芽孢需采用热力、辐射及高效消毒剂，如过氧化剂类、醛类等。

（2）根据消毒对象选择　对不同的消毒对象，同样的消毒方法，其消毒效果往往不同。猪场应根据对象不同选择适宜的消毒方法：①喷洒法，适用于猪舍的消毒；②喷雾法，适用于进出车辆、器具、猪群体表消毒；③甲醛熏蒸法，适用于空栏熏蒸；④紫外线照射法，适用于更衣室的空气消毒。

（3）考虑消毒的安全性　在消毒工作中，一定要注意消毒的安全性。带猪消毒时，应选择刺激性、腐蚀性小的消毒剂；熏蒸消毒，在消毒结束后一定要充分开窗换气，然后才可进入；选择用一些腐蚀性强的消毒剂进行消毒时一定要做好人身防护工作，避免造成身体损害。

5. 选择性价比高的消毒剂

消毒剂选用要考虑效力强、效果好、生效快、持续久、稳定好、渗透强、毒性低、刺激小和腐蚀小等因素，在关注价格时更要关注消毒效果。

6. 选择适宜的消毒时间

消毒剂必须与消毒对象作用一定的时间才能发挥最佳的消毒效果，消毒时间的长短，取决于病原微生物的性质、消毒剂种类、消毒液浓度、粪尿等有机物的清理程度与环境温度等。大多数病原微生物的繁殖体在 70 ℃下 30 分钟内死亡，70 ℃时 10 分钟死亡；细菌繁殖体在 100 ℃下数分钟内死亡；紫外线消毒在 25 ℃时 40 分钟空气中细菌数量平均降低 80%。

7. 正确的操作方法

（1）消毒剂浓度配制准确　在称量消毒剂时，一定要严格按照消毒剂的使用说明书进行称量，并将其完全溶解，达到稀释浓度后进行消毒。消毒剂浓度过高或过低都将会影响消毒效果。

（2）注意安全消毒 对刺激性的消毒药，接触时应戴手套，切记防止溅入眼内或吸入体内，一旦溅上，应及时用清水冲洗等。根据不同消毒剂腐蚀程度的不同，消毒时注意避让猪舍内的器具，防止对其产生腐蚀作用，带来不必要的损失。

（四）消毒剂消毒效果评价

猪场使用消毒剂消毒后，消毒效果如何，是猪场非常关心与关注的。消毒剂消毒效果的科学评价体系，是进行消毒剂选择的重要参考指标。下面章节介绍当前消毒剂的消毒效果评价，为猪场从业者提供参考。

1. 实验室内评价消毒效果

消毒剂消毒效果的评价在实验室内主要有定性消毒实验与定量消毒实验。定性消毒试验只用阴性或阳性来判断试验结果，不用计算细菌的数量。定量消毒试验是对一定量的试验生物进行消毒，之后和对照组作比较，计算杀灭率，用最终计算的杀灭率作为消毒效果的评价。

（1）定性消毒试验

步骤 1：将指示细菌在试管营养肉汤中培养，制备成细菌悬液。

步骤 2：将消毒剂稀释成适当的倍数，每管 2.5 毫升（设不加消毒剂的灭菌蒸馏水为对照），置于（20±2）℃中。

步骤 3：温度达到（20±2）℃后，加细菌悬液 2.5 毫升于各管中，混匀作用至预定时间。

步骤 4：到达时间后，取出 0.5 毫升菌液混合液加入含 4.5 毫升中和剂的试管中，中和 10 分钟。

步骤 5：取出 0.5 毫升中和剂试管中的液体加入营养肉汤试管内。

步骤 6：将接种的营养肉汤试管放置 37 ℃培养 48 小时，观察结果。

步骤 7：结果判定：肉汤试管若浑浊，则表明有菌生长；肉汤试管若澄清，则表明无菌生长，达到消毒效果。

（2）定量悬液试验

步骤1：将指示细菌在试管营养肉汤中培养，制备成细菌悬液。

步骤2：进行活菌计数并稀释成含菌量为 $5 \times 10^5 \sim 5 \times 10^6$ CFU 的菌悬液。

步骤3：将消毒剂稀释成适当的浓度，每管4.5毫升［设不加消毒剂的灭菌（PBS）磷酸盐缓冲液为对照］，置于（20±2）℃中。

步骤4：待试管内外温度平衡后，在试管中加入0.5毫升菌悬液，混匀作用至预定时间。

步骤5：到时间后，取出0.5毫升菌药混合液，加入到4.5毫升中和剂试管内，中和10分钟。

步骤6：作适当稀释后进行活菌计数（用平板法计数）。

步骤7：结果判定。

$$杀灭率 = \frac{对照组存活细菌数 - 试验组存活细菌数}{对照组存活细菌数} \times 100\%$$

2. 猪场内空气消毒效果评价

步骤1：吸取试验菌悬液，用无菌脱脂棉过滤后，再用营养肉汤培养基稀释成所需浓度。

步骤2：同时调节两个气雾柜（室）温度为20～25℃，相对湿度为50%～70%。

步骤3：将使用的器材一次放入气雾柜（室）内，门关闭。此后一切操作和仪器设备均在柜（室）外通过带有密封套袖的窗口或遥控器进行，直至实验结束；

步骤4：设定压力、气体流量及喷雾时间后，喷雾染菌，边喷雾染菌边用风扇搅拌混合气体，喷雾染菌完毕，继续搅拌5分钟，而后静止5分钟。

步骤5：同时对照组和实验组气雾柜（室）分别进行消毒前采样，作为对照组试验前阳性对照（即污染菌量）。气雾柜（室）内空气中各阳性对照均数应达每立方米 $5 \times 10^4 \sim 5 \times 10^6$ CFU。

步骤6：按产品说明书规定的方法，在实验组气雾柜（室）内进行消毒，评价液体消毒剂时，将消毒液喷入实验组气雾柜，对照组气雾柜（室）同时喷等量无菌蒸馏水或磷酸盐缓冲液；使用物理消毒器或化学气体消毒剂时，对实验组进行开机消毒，对照组气雾柜不消毒。

步骤7：作用至预定时间，对实验组和对照组气雾柜（室）按前述方法同时进行采样。继续作用至第二个预定消毒时间，再次按前述方法进行采样。如此按预定作用时间分段采样，直至预定的最终作用时间为止。

步骤8：实验室采用液体撞击式采样器采样，模拟现场采用六级筛孔空气撞击式采样器采样。

步骤9：用液体撞击采样器采集的液体样品，直接或稀释后接种营养琼脂平板，在37℃培养箱内培养48小时，观察结果并做菌落计数。用六级筛孔空气撞击式采样器时，将采样平板直接培养。

步骤10：在完成实验组与阳性对照组采样和采样接种后，将未用的同批培养基、采样液、稀释液等（各取2份），与上述两组样本同时进行培养或接种后培养，作为阴性对照。若阴性对照组有菌生长，说明所用培养基或试剂有污染，试验无效，更换无菌器材重做。

步骤11：结果判定。

$$杀灭率 = \frac{对照组存活细菌数 - 试验组存活细菌数}{对照组存活细菌数} \times 100\%$$

3. 猪场内地面消毒效果评价

步骤1：在消毒前后，分别用无菌棉拭子，在地面上各取3个点，每点擦涂面积为5厘米×5厘米，消毒后采样与消毒前位置相邻而不重合。

步骤2：将棉拭子浸于5.0毫升的无菌生理盐水的小瓶中（内加0.1%的酪蛋白，以提高样品的收获率），密封，带回实验室处理。

步骤3：从小瓶中用无菌吸头吸取样品0.5毫升，加入预先盛有4.5毫升灭菌生理盐水的灭菌小瓶中，同样稀释液对样品做连续10倍递进稀释至10^{-7}。

步骤 4：用移液器（50 微升）从高稀释度开始，滴入营养琼脂培养基及麦康凯培养基，每个培养基用三个平板，每个平板上滴三个稀释度，每个稀释度三滴，每滴之间间隔一定距离成 3×3 方阵形，37 ℃培养 24 小时，观察结果并做菌落计数。

步骤 5：将空白培养基作为阴性对照，消毒前采集的样品作为对照组，消毒后采集的样品作为试验组。若阴性对照组有菌生长，说明所用培养基或试剂有污染，试验无效，更换无菌器材重新进行。

步骤 6：结果判定。

$$杀灭率 = \frac{对照组存活细菌数 - 试验组存活细菌数}{对照组存活细菌数} \times 100\%$$

4. 猪场内驱除寄生虫效果的评价

当前复杂的养猪环境下，养猪场要根据自场寄生虫感染的种类及其流行病学特点、环境气候条件等的因素，建立寄生虫病的监测以及驱虫效果评价体系，为猪场的疫病防控奠定坚实的基础。

当 10％的随机抽样被检粪便阳性猪的每克粪便中寄生虫虫卵数量（EPG）＞500 时，就必须进行预防性驱虫。

EPG 计算公式为：

$$EPG = \frac{计数器两小方格内的虫卵数 \times 粪便沉淀液体积（毫升）}{粪便重量（克）\times 0.2}$$

步骤 1：利用 EPG 计算公式对猪场粪便中寄生虫进行检测。

步骤 2：10％猪的寄生虫虫卵 EPG 值大于 500 时。

步骤 3：对猪群进行预防性驱虫。

（五）影响消毒剂消毒效果的因素

消毒是减少猪场病原微生物，降低猪场感染率与发病率的重要措施，它对养猪业的持续健康发展起着至关重要的作用。大多数猪场已经认识到消毒工作的重要性，并建立了整套严格的消毒措施。然而在消毒过程中，消毒剂消毒效果还受到很多因素的影响，为了更好发挥消毒剂消毒效果，下面对影响消毒效果的几点因素分析如下。

1. 化学消毒剂的性质

（1）针对微生物特点选择 某些消毒剂只对某一种微生物有抑

制和杀灭作用，而对另一种微生物的抑制作用较差甚至不能发挥作用。

（2）注意消毒剂配伍禁忌　选择两种或者两种以上消毒剂消毒时，一定要仔细阅读说明书，在专业兽医人员的指导下进行。消毒剂之间存在配伍禁忌，几种消毒剂的混合使用有可能使消毒剂间发生相互作用而失去消毒的作用，最终导致整个消毒失败。例如，某猪场先使用酸性强力消毒剂之后，接着再使用氢氧化钠消毒，会发生酸碱中和反应，最终导致两种消毒药均失去消毒作用。

2. 消毒的有效浓度

在使用消毒剂前根据消毒对象与消毒目的，按照消毒剂最佳使用浓度配制。在一定范围内，消毒剂的消毒作用与其浓度高低成正比例关系。浓度越高，消毒效果越好。比如0.5％的石炭酸只有抑制细菌生长作用，而浓度增加到5％时，可以发挥杀菌作用。猪场值得注意的是消毒剂浓度必须在一定范围内，否则如果消毒剂浓度过高，非但不能提高消毒剂的消毒效力，反而会增加其副作用，对器具造成损坏、对人以及猪的组织造成损伤、造成消毒剂浪费与增加不必要的养殖成本。如果消毒剂的浓度过低，也往往流于形式，起不到真正的消毒效果。

3. 微生物的种类

微生物形态结构及其代谢方式等生物学特性的不同决定了不同微生物对消毒剂所表现的反应也不同，常见的微生物及其特性见表3。

4. 适宜的温度

温度是在消毒过程中必须考虑的重要因素。消毒剂在相对较高温度下消毒效果更好。升高温度可以增强消毒能力，缩短消毒的时间。比如温度升高10℃时，酚类消毒剂的消毒速度可以增加6～8倍，但养猪者要注意温度的改变可能会影响消毒剂的溶解度与稳定性。温度超过消毒剂所能承受的极限时，会导致消毒剂有效成分的挥发或者分解，影响消毒效果。如含碘或氯的消毒剂，本身具有较

表3　常见微生物及其特性

微生物种类		特性	代表	消毒剂
细菌	革兰氏阳性菌	大部分肽聚糖构成的细胞壁通透性较强	链球菌、猪丹毒	氧化剂、醛类等
	革兰氏阴性菌	构成细胞壁的丰富类脂质，可阻挡药物进入内部	大肠杆菌、沙门氏菌	氧化剂
	细菌芽孢	较厚的芽孢壁和多层芽孢膜结构坚实、含水量少	产气荚膜梭菌	氧化剂、醛类、卤素类
病毒	囊膜病毒	外层具有亲脂性的囊膜	猪瘟、伪狂犬	氧化剂
	无囊膜病毒	外层没有亲脂性的囊膜	口蹄疫	碱类、氧化剂、卤素类
真菌	孢子	坚硬细胞壁由糖苷类、糖蛋白、蛋白质及丁质微原纤维组成	皮肤真菌	氧化剂、卤素类

强的挥发性，温度过高会增加其挥发的速度，反而导致消毒效果下降。

5. **合理的时间**

消毒要达到好的消毒效果，首先需要消毒液与病原微生物接触，而病原微生物被杀灭，还需要消毒液作用于微生物充足的时间。所以消毒时，猪场应根据物体大小、消毒剂的种类以及病原的种类和数量而采取合理的消毒时间。

6. **理想的湿度**

湿度是影响消毒剂消毒效果的重要因素之一。如果环境湿度过大，反而会影响消毒液与微生物的接触面积，从而影响消毒效果，如用过氧乙酸或甲醛进行熏蒸消毒时，相对湿度在$60\%\sim80\%$为最好，湿度太低或太高，均会影响消毒效果。

7. **适宜的酸碱度**

酸碱度对消毒效果的影响分为两方面：

（1）对消毒剂的影响　许多消毒剂都会受到酸碱度的影响，酸碱度的变化可以直接影响消毒剂本身的性质（如溶解度、解离度和分子结构等）。碘制剂、酸类等消毒剂在酸性环境中能更好的发挥作用；阳离子消毒剂更适宜碱性环境；含氯消毒剂在 pH5～6 条件下杀菌能力最强；2％酸性戊二醛溶液在 pH4～5 时杀菌能力很弱，而在 pH7.5～8.5 时具有很强的杀菌作用。

（2）对病原微生物的影响　每种微生物都有自己最适合的 pH 范围，在此范围内，微生物的活性最高。随着环境酸碱度的不断变化，微生物的生长会受阻，当超过最低或最高 pH 时微生物就会死亡，所以强酸或强碱具有杀菌作用。一些无机酸如硫酸、盐酸等杀菌力虽强，但腐蚀性太大，不适合作杀菌剂；强碱是常用的杀菌剂，如氢氧化钠，但由于腐蚀性大，常用于猪场或猪舍门口消毒池。

8. 清除粪尿等有机物的程度

猪舍中存在的大量有机物（如尿、粪便、饲料残渣、污水或其他污物等）会严重阻碍消毒剂发挥消毒作用。这是因为：①有机物可以在微生物表面形成一层保护膜，消毒剂首先要与这些保护膜结合，导致无法作用于微生物而影响消毒效果。许多消毒剂还可以与有机物发生反应，形成不溶性化合物，从而降低甚至消除了消毒剂的消毒作用；②有机物的存在可能会改变消毒对象周围的酸碱环境，从而使消毒剂的效力降低，尤其是卤素类、季铵盐类等的消毒剂在有机物环境下会大大降低消毒作用。所以猪场在进行消毒前，应将猪舍进行全面的清扫，再使用消毒剂。同时，在选用消毒剂时可以选择受有机物影响小的消毒剂。

（六）猪场消毒误区

当前我国的养猪业正面临转型期，中小型猪场面临规模小、环境差、管理落后、缺乏专业技术人员等问题，造成防疫压力大，经常受到疫病威胁。消毒在猪场中虽受到一定程度重视，但猪场在具体执行中由于各种限制存在一些误区，导致消毒执行不到位，消毒不彻底，猪群健康面临威胁。猪场消毒中存在的误区，主要表现在以下几方面：

1. 不彻底清洁猪舍而直接消毒

许多养殖场空栏后只进行简单清扫，就开始消毒，这种方法是不可取的，因为消毒剂只有在接触到病原微生物时才会发挥作用，而经过简单清扫的猪舍会存在许多有机物，如血液、胎衣、羊水、粪便等，这些有机物中隐藏着大量的病原微生物，消毒剂难以渗透其中发挥作用。正确的做法是：应先将可拆卸的用具如料槽、水槽、护仔箱等拆下，运至舍外清扫、浸泡、冲洗、刷刮，并反复消毒；舍内在拆除用具设备之后，按照从屋顶、墙壁、门窗、地面、粪池及水沟等顺序认真打扫清除，然后用高压水冲洗直至完全干净；在打扫清除之前，最好先用消毒剂喷雾和喷洒，以免病原微生物四处飞扬和顺水流排出，扩散至相邻的猪舍及环境中，造成扩散污染。

2. 带猪消毒未考虑消毒剂本身对猪的刺激性及腐蚀性

(1) 选择有刺激性和腐蚀性的消毒剂 过氧乙酸以及醛类消毒剂属于高效消毒剂，很多猪场用来喷雾消毒，但是该类消毒剂刺激性强，容易造成猪群黏膜系统损伤，激发猪群的呼吸系统疾病。带猪消毒一定是选择杀菌谱广、刺激性小且对人畜安全无害的消毒剂。

(2) 局限于猪体表消毒，忽视猪舍消毒 带猪消毒的着眼点不应局限于猪的体表，而应包括猪所在的空间和环境，因为许多病原微生物是通过空气传播的。尤其是在寒冷的季节，为了保持温度，猪舍的门窗紧闭，空气污浊，许多病原微生物大量繁殖并侵入猪体引起疾病暴发。因此，带猪消毒一定要做到全面，不要顾此失彼，达不到消毒的效果。

(3) 不正确的喷雾方式 喷雾消毒现在成为常见的消毒方式，然而一些猪场带猪情况下，喷雾方式不正确，主要表现在：直接对着猪头部喷雾消毒（造成猪眼睛伤害）；喷雾量随意且不经过合理计算，造成达不到消毒的效果。喷雾消毒的正确方式是将喷头高举空中，喷嘴向上喷出雾粒，既可节省消毒剂用量，又可使雾粒在空中缓慢下降的过程中能与空气中的病原微生物接触，杀灭悬浮在尘埃中的病原。

3. 流于形式不讲效果

生产中消毒效果不好直观评价，猪场严格的消毒需要投入一定人力物力与财力，导致猪场重视消毒停留在表面，猪场人员消毒的操作随意、不规范，使消毒工作流于形式，没有起到应有的消毒效果。消毒是把病原微生物降低直至消灭的关键措施，是切断传播途径的重要手段。猪场规模化程度的提高，使猪场面临的压力更大，而随着耐药性增加与新病原的频繁出现，猪场在考虑药物与疫苗的同时，不得不回归到消毒。效果好的消毒，是衡量猪场健康养殖的重要指标。

4. 过分依赖单一消毒

消毒是控制疫病发生的重要手段之一。猪场防疫体系是一个系统工程，在重视消毒工作的同时，还应将消毒与防疫、管理结合在一起。猪场须做到加强对带毒猪的淘汰，重视对病死猪无害化处理，改善养殖环境与设备，科学处理污水粪便，重视灭鼠灭蚊蝇工作，加强饲养管理、免疫预防，增强猪群抗病力等综合性防制措施。

5. 选择廉价低浓度的消毒剂

一般情况下，消毒剂的消毒效果与其浓度呈正相关，浓度越大其消毒效果越好，消毒剂在低浓度情况下不仅达不到消毒效果，而且还会刺激细菌等病原微生物产生抗药性，增加猪场未来的消毒难度。因此，猪场在选择消毒药时，一定要选择效果好的消毒剂，一定不要贪图便宜，要注意选择品牌和信誉好的厂家的消毒剂，按照使用说明进行消毒，保证猪群的健康。

6. 不发病不进行消毒

许多养殖人员对猪场的消毒不了解，盲目消毒。消毒分为预防性消毒和临时消毒。预防性消毒是针对猪场所在地区的常发疫病种类，根据不同的季节，定时进行的一种必不可少的消毒。临时消毒是在猪场发生疫病时，选用具有针对性的消毒剂，对猪场进行全方位、彻底、反复多次的临时消毒，及时杀灭病猪排放到外界环境中的病原体。针对许多猪场存在"不发病不进行消毒"的错误观念，一定要对消毒予以高度的重视，这样才能减少猪场疫病的暴发，提高猪场的经济效益。

（七）评估猪场消毒效果

消毒效果在实践中会受到消毒剂、消毒对象、病原微生物及消毒环境等多种因素影响。消毒效果的客观科学评价对猪场检验消毒效果具有重要意义。评估消毒效果主要包括空气消毒效果检验和污染区消毒效果检验。

1. 空气消毒效果评价

空气消毒是将消毒前后空气中微生物的数量作为评价的依据。空气中微生物样品的采集有两种：即自然沉降法和冲击采样法。

（1）自然沉降法 是将带有固体培养基的培养皿放置在待测空间中不同位置，并打开平皿盖让其暴露在空气中一定时间，通过空气中微生物的自然沉降采集样品。该方法操作简单，经济实用，长期以来一直被人们所采用，甚至被视作是法定检测方法。但该方法存在一定缺陷，空气中较细小的颗粒容易受风力影响而漂浮在空气中，不易沉降到平板上，从而难以检测出空气中含量少且颗粒微小的病原体。因此，检测结果与实际存在较大误差。

（2）冲击采样法 是用空气采样器先抽取一定体积的空气，然后强迫空气通过狭缝直接高速冲击到缓慢转动的琼脂培养基表面，经过培养后即可比较消毒前后的细菌数。空气采样器具有采集颗粒范围广、采集效率高、生物失活率低、敏感性高、操作简单、应用范围广等特点。该方法是国际上比较通用的方法。

2. 污染区消毒效果评价

由于大多数病原微生物培养比较困难，评价消毒效果时，通常以某些条件致病菌（如金黄色葡萄球菌和大肠杆菌）作为评价指标，条件致病菌与许多病原微生物排放途径相似且具有较强的抵抗力，具有一定代表性。

　　猪舍地面和墙壁的消毒效果检验，一般是通过比较消毒前和消毒后被消毒物品上至少五块相等面积（10 厘米×10 厘米）中的细菌数，根据细菌数量减少的百分比进行效果的评价。消毒后细菌总数减少 80％以上为消毒效果良好，减少 70％～80％为较好；减少 60％～70％为一般；减少 60％以下则为不合格。

三、疫苗使用技术

　　猪用疫苗是指为了预防、控制猪传染病的发生和流行，用于猪群预防接种的生物制品。它是由病原微生物（如细菌、病毒等）或病原微生物的产物经过特殊处理制备而成。接种某种疫苗成功后，疫苗刺激机体针对该病原产生特定的免疫反应（体液免疫、细胞免疫），猪机体再次遭遇该病原后会产生抵抗力，从而预防该疫病的发生。

　　体液免疫是指机体内接触某种微生物后会产生针对该微生物的特有抗体，以产生的特有抗体达到保护目的的免疫机制。例如，猪接种猪圆环病毒灭活疫苗成功后，猪体内会产生圆环病毒抗体，圆环病毒抗体具有中和圆环病毒的作用，从而起到保护猪群免受圆环病毒的危害（图1）。

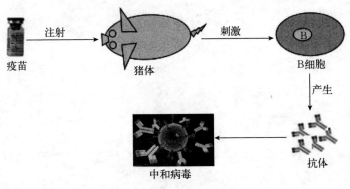

图 1　体液免疫机制

细胞免疫是指机体接触某种微生物后会产生对该微生物特有的效应细胞与细胞因子，特有的效应细胞对该微生物直接杀伤，细胞因子起到协同杀伤作用。例如，猪接种繁殖与呼吸综合征弱毒疫苗后，体内会产生猪繁殖与呼吸综合征病毒的效应 T 细胞与特有的细胞因子，效应 T 细胞对猪繁殖与呼吸综合征病毒直接杀灭，特有的细胞因子起到协同杀伤猪繁殖与呼吸综合征病毒的作用(图 2)。

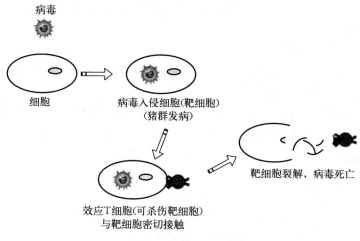

图 2　细胞免疫机制

体液免疫和细胞免疫都属于机体的特异性免疫，是机体免疫系统的第三道防线。细胞免疫和体液免疫是密切相关的，细胞免疫起主要作用的 T 淋巴细胞，在体液免疫中起连接作用，它能呈递抗原到 B 淋巴细胞，使在体液免疫中起主要作用的 B 淋巴细胞发挥作用；当抗原物质进入细胞后，先进行体液免疫，如果体液免疫消除不了，这时就需要细胞免疫。虽然在体液免疫过程中 T 细胞会传递一部分抗原给体液免疫，但是这时的 T 细胞并没有起到细胞免疫的作用，细胞免疫是裂解靶细胞与杀灭病毒的过程。比如：当猪瘟病毒进入猪体内，首先体液免疫发挥作用，猪体内存在的猪瘟抗体（免疫疫苗或之前野毒感染的）会与进入的猪瘟病毒中和，使猪瘟病毒失去感染能力；猪瘟病毒进入机体细胞后，细胞免疫开始发挥作用，细胞免疫通过裂解被病毒侵袭的细胞，将细胞与病毒直接杀灭。

（一）疫苗的种类

根据疫苗免疫后在猪体内能否增殖，分为灭活疫苗与弱毒疫苗。根据研发时对抗原处理的技术和疫苗成分不同，疫苗分为传统疫苗和新型疫苗。新型疫苗是指通过现代生物技术手段制成的疫苗，包括基因工程亚单位疫苗、合成肽疫苗、基因工程载体疫苗、核酸疫苗和抗独特型抗体疫苗等。

1. 灭活疫苗

灭活疫苗，俗称死苗，是病原微生物经过化学灭活剂（如福尔马林）灭活处理而获得的一类疫苗。

灭活疫苗的病原微生物感染活性丧失，不能在猪体内繁殖增长，但仍然保留免疫原性，刺激机体产生特异性抗体，起到免疫保护的作用。

（1）灭活疫苗优点

① 安全性好　不存在散毒和毒力返祖。

② 贮运方便　在 2～8 ℃条件下即可贮藏和运输。

③ 抗体干扰小　受母源抗体干扰小。

④ 研发期短　研发周期相对较短，短时间内投入市场。

（2）灭活疫苗缺点

① 接种途径少　皮下或肌内注射是主要免疫方式。

② 空白期长　2 周后才能产生免疫力。

③ 吸收慢　注射部位易形成结节。

④ 免疫局限性　不产生局部免疫，引起细胞免疫力较弱。

目前，我国猪场使用的灭活疫苗主要有：猪圆环病毒灭活疫苗（如诸欢泰），猪细小病毒灭活疫苗，猪口蹄疫灭活疫苗等。

选择灭活疫苗主要考虑五个标准：第一是安全性，免疫副作用小；第二是有效性，产生高水平抗体、能够有效预防疾病；第三是稳定性，在 2～8 ℃条件下，不破乳、不分层；第四是通针性，疫苗不黏稠，免疫不费力；第五是经济性，免疫成本合理，性价比高。

2. 弱毒疫苗

弱毒疫苗，也称减毒活疫苗，是病原体通过人工致弱或自然筛选而获得疫苗株，用疫苗株生产的一类疫苗。

接种弱毒疫苗后，疫苗株在机体内有一定程度的生长繁殖，刺激机体产生保护作用。

（1）弱毒疫苗优点

① 增殖能力好　能进行一定程度的增殖。

② 免疫剂量小　剂量小，刺激性小。

③ 免疫原性好　产生细胞免疫与体液免疫。

④ 空白期短　产生免疫力快。

⑤ 免疫期长　一次免疫，维持几个月。

（2）弱毒疫苗缺点

① 安全性差　不合格毒株可能存在返祖与散毒的风险。

② 贮运不便　冷冻运输。

③ 抗体干扰大　易受母源抗体干扰。

目前常用的毒株致弱方法有：

① 从自然界中筛选优良弱毒株。

② 通过异种动物、鸡胚、细胞等传代致弱获得。

③ 采用物理和化学方法致弱获得。

④ 利用基因工程技术对病原进行重组致弱获得。

中国猪瘟兔化弱毒疫苗石门系毒株就是通过第 2 种方法，石门系野毒株在兔体内连续传几百代后培养而成优秀的疫苗毒株（图 3）。

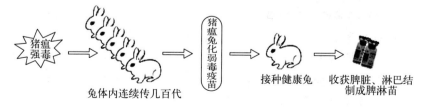

图 3　猪瘟兔化弱毒疫苗的制备过程

不同代数兔体内猪瘟毒株接种猪反应见表4。

表4　不同代数兔体内猪瘟毒株接种猪反应

种毒代数	接种后猪体反应
67代	哺乳猪和断奶后仔猪均有死亡
91~165代	断奶后仔猪死亡率减低，毒力减弱；但仍有死亡
214代以后	极安全，无可见反应

目前，我国免疫的弱毒疫苗有：猪繁殖与呼吸综合征弱毒疫苗（蓝定抗）、猪乙型脑炎弱毒疫苗、猪瘟兔化弱毒疫苗等。

弱毒疫苗在控制猪场重大疫病中起到了非常重要的作用，优秀的弱毒疫苗应具备以下五个标准：第一，种毒抗原性好、交叉免疫保护力强；第二，种毒彻底致弱，副反应小；第三，抗原含量高；第四，免疫成本合理，性价比高；第五，无外源病毒。

3. 亚单位疫苗

亚单位疫苗属于新型疫苗，主要通过2个途径获得，第一种途径是将病原微生物用物理或化学方法处理，除去其无效的毒性物质，提取其有效的抗原部分制备的疫苗；第二种途径是将基因工程表达的病原体蛋白制备的疫苗。

(1) 亚单位疫苗优点

① 安全性高。

② 稳定性好。

③ 抗原含量高。

④ 抗原纯度高。

(2) 亚单位疫苗缺点

① 抗原成分单一。

② 抗原分子小。

③ 免疫效果不理想。

④ 免疫反应单一。

目前，国内猪的亚单位疫苗主要是猪圆环病毒2型基因工程疫苗。

4. 活载体疫苗

活载体疫苗属于新型疫苗，是将基因工程构建的重组微生物制成的疫苗。包括重组载体病毒活疫苗和重组载体细菌活疫苗两种。

该类疫苗可诱导产生的免疫比较广泛，兼有传统活疫苗和灭活疫苗的优点，是未来疫苗研制与开发的主要方向之一。但这类疫苗有时会因机体对活载体的免疫反应性质，限制再次免疫的效果。

5. 基因缺失弱毒疫苗

基因缺失弱毒疫苗属于新型疫苗，是将病毒的某一基因完全缺失或发生突变，从而使该病毒的毒力减弱，但仍能感染宿主并诱发保护性免疫力的一类疫苗。基因缺失弱毒疫苗包括自然缺失弱毒疫苗和人工缺失弱毒疫苗。

（1）基因缺失弱毒疫苗的优点

①稳定性好，批次差异小。

②易于鉴别诊断，能够区分野毒株和疫苗株。

（2）基因缺失疫苗的缺点　可能存在毒株重组风险，引起重组后毒力增强，因此疫苗的研发周期较长。自然缺失弱毒株 Bartha - K61 伪狂犬活疫苗是目前猪场使用最广的该类疫苗，该毒株缺失了毒力基因 gE，通过对 gE 的检测可用于区分猪场是否有猪伪狂犬野毒感染。

6. 核酸疫苗

核酸疫苗，又称基因疫苗，是将表达某种抗原蛋白的外源基因直接导入猪体细胞内，并通过猪体细胞合成抗原蛋白，刺激猪体产生对该抗原蛋白的免疫反应，以达到预防和治疗疾病的目的。目前真正核酸疫苗未在猪场中使用。

（1）核酸疫苗优点

① 抗原合成类似自然感染。

② 免疫原性单一，免疫应答持久。

③ 易于构建和制备，稳定性好。

④ 价格低廉，适于规模化生产。

⑤ 同种异株间交叉保护强。

⑥ 贮存、运输方便。

(2) 核酸疫苗缺点

① 可能造成猪遗传物质的突变。

② 可能导致不利的免疫病理反应。

③ 可能某些基因具有额外的危害。

④ 可能形成针对注射 DNA 的抗体。

⑤ 可能出现自身免疫紊乱。

⑥ 可能产生意外的生物活性。

7. 合成肽疫苗

合成肽疫苗是按照天然蛋白质的氨基酸顺序人工合成的一类新型疫苗。

(1) 合成肽疫苗优点

① 安全性好。

② 抗原含量高。

③ 可区分免疫和感染。

④ 免疫副反应低。

(2) 合成肽疫苗缺点

① 免疫原性较差。

② 免疫反应单一。

③ 细胞免疫与体液免疫协同差。

④ 缺乏产生高水平的抗体。

目前，国内猪场使用的猪合成肽疫苗主要是猪口蹄疫合成肽疫苗。

8. 抗独特型抗体疫苗

抗独特型抗体疫苗属于新型疫苗，是以抗病原体抗体的抗体为抗原免疫动物从而使动物机体获得免疫力的一类新型疫苗。

(1) 抗独特型抗体疫苗优点：

① 安全，未接触活病原微生物及其组成成分。

② 生产周期短。

③ 费用低，浓缩纯化简便。

④ 较强的免疫力。

（2）抗独特型抗体疫苗缺点

① 选择特异的抗独特型抗体难。

② 难产生免疫反应或易免疫耐受。

③ 重复免疫可能导致血清病。

④ 免疫保护力差。

⑤ 活化保护免疫时，可能启动病理性反应。

抗独特型抗体疫苗代替用病原微生物制备的疫苗，刺激机体产生免疫保护作用，具有一定的发展前景。目前该类疫苗还处于实验阶段。

（二）猪场疫苗选择原则

猪场疫病防控体系主要是通过生物安全体系、疫苗免疫、药物保健等进行的。疫苗免疫在猪传染性疾病的防控中发挥着至关重要的作用。疫苗免疫是控制传染性疾病非常关键的措施。猪场通过疫苗的成功免疫，可使易感猪群获得保护。对于隐性带毒猪，通过优质的疫苗免疫，可以减少排毒，减少对生产的危害。

目前，猪场面临各种类型疫苗的选择，选择疫苗一定注意科学性，不要盲目选择。选择疫苗注意下面几个原则。

1. 选择合格的疫苗

疫苗是特殊的商品，属于生物制剂，选择疫苗时，一定要确认是否为合格的疫苗产品。合格的疫苗产品应含有以下信息：

（1）GMP 证书的企业生产 GMP 中文是"药品生产质量管理规范"。GMP 提供了药品生产和质量管理的基本准则，药品生产必须符合 GMP 的要求，药品质量必须符合法定标准。

（2）产品标有农业部的批准文号 兽药产品批准文号的编制格式为：兽药类别简称＋年号＋企业所在地省份（自治区、直辖市）序号＋企业序号＋兽药品种编号，如兽药生字（2011）130141063，表示：兽药生物制品＋2011 年＋130 福建＋141 福州大北农生物技术有限公司＋063 猪繁殖与呼吸综合征弱毒疫苗。

2. 选择高质量的疫苗

不同厂家生产的合格疫苗，都能达到国家规定的要求，但是由于目前我国猪场存在免疫带毒与免疫临床发病的猪，实验室条件下的疫苗效果评价要求已经不能满足生产的实际需要，所有很多厂家疫苗标准高于国家标准，参考国际标准生产。选择疫苗时切忌比较价格，同一种疫苗含量标注一样，生产工艺的不同，差异可能较大。在关注疫苗的价格时，更应该关注疫苗的质量，关注高质量疫苗免疫后为猪场带来的免疫效果。

3. 选择批准疫苗与慎用自家疫苗

国家批准的疫苗经过了安全性、有效性、保护期的科学评估，免疫接种成功后，猪体内能够产生较强的保护力。而未经国家批准的疫苗，特别是自家苗，制作程序相对粗糙，含有的病原微生物复杂，疫苗未经严格灭活，免疫后对猪体刺激性大，存在一定的发病风险。自家苗未经过严格的抗原含量检测，批次间差异大，特别是自家苗缺乏有效的疫苗效果评估，未经过充足的动物实验，猪场面临的风险性较大，除非万不得已，慎用自家疫苗。

4. 制定科学合理的免疫程序

猪场的疫苗免疫分为基础免疫与个性化免疫两部分。基础免疫就是在中国养猪，必须要考虑免疫的疫苗，如果不免疫这些疫苗，猪场面临覆灭的风险。基础免疫是由我国养猪面临大的疫病环境决定的。基础免疫的猪病主要有：猪瘟、伪狂犬、猪繁殖与呼吸综合征、口蹄疫、圆环病毒、乙型脑炎、细小病毒病等。个性化免疫是结合猪场生产实际，考虑本场或本地区特有的养殖环境制定的。个性化免疫的猪病主要有：喘气病、萎缩性鼻炎、猪丹毒、猪链球菌等。

（三）疫苗使用及注意事项

猪场中疫苗免疫对传染性疫病的防制发挥着重要的作用，疫苗是属于生物制品，其生产、储存、使用需要严格遵循相关规定，下面介绍疫苗使用及注意事项。

1. 运输与储存

不同于一般物品，疫苗在运输、贮藏等环节对温度有着特殊的要求，因此企业应当按照《药品经营质量管理规范》（GSP）的要求，在收货、验收、储存、养护、出库、运输等环节根据疫苗包装标示的温度标准，采用经过验证确定的设施设备、技术方法和操作规程，实行连续、不间断的温度保障和实时监测，保证疫苗在以上环节始终控制在规定温度范围内（图4）。

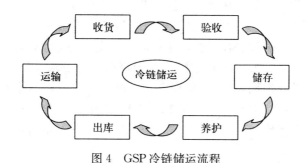

图4　GSP冷链储运流程

（1）疫苗的运输　不同疫苗要求的运输温度不同，因此，疫苗在运输过程中应严格按照其规定温度进行运输。

① 冻干活疫苗　需冷藏运输。如果运输量小，可以将疫苗装入保温瓶或保温箱内，再放入适量的冰块进行包装运输；如果运输量大，则需用冷藏运输车，例如猪瘟脾淋苗（诸稳康）。

② 灭活疫苗　疫苗需在2～8℃的温度下运输。在夏季运输时，需用保温瓶或保温箱，并放入适量的冰块，同时应避免阳光直射。在冬季运输时，应用保温防冻设备，避免疫苗冻结，影响疫苗效果，例如猪圆环病毒灭活疫苗（诸欢泰），猪细小病毒灭活疫苗等。

（2）疫苗运输的注意事项

① 需由专人负责　疫苗的运输需由专门的人员负责，在疫苗发运前需检查冷藏设备的运行状态是否正常，达到要求后方可使用。

②按照要求温度下运输　不同疫苗一定注意不同的运输条件，在冻干活疫苗的运输过程中，应避免温度过高和反复冻融。

③避免阳光暴晒。

④采用最快捷运输方式（飞机、火车、汽车等）运输，尽量缩短运输时间。

⑤采取防震、减压措施，轻拿轻放，防止包装瓶破裂。

(3) 疫苗的储存　与疫苗的运输一样，疫苗的储存同样必须遵循相应的规定，避免在此环节使疫苗质量发生变化。

①严格按规定的温度贮藏　温度是影响兽用疫苗效力的主要因素，疫苗的合理保存温度，在其标签和说明书上都有规定，要严格按规定的贮藏温度进行贮藏。冻干疫苗一般要求−15℃以下保存，灭活苗一般要求2～8℃保存，不能低于0℃，不能冻结，如果超越此温度，温度差异愈大影响愈大。疫苗保藏期间，需保持温度恒定，若温度忽高忽低，疫苗反复冻结和溶解，危害更大，更要特别注意。

②避光保存　光线照射，尤其是阳光的直射，会影响疫苗的质量，所有疫苗都应该严防日光暴晒，贮藏于冷暗干燥处。

③防止受潮　潮湿环境易长霉菌，可能污染疫苗，并容易使瓶签字迹模糊和脱落等。因此，要把疫苗存放在干燥或有严密保护的地方，保证疫苗的内外包装完整无损，以防被病原微生物污染及无法辨别其名称、有效期等。

④分类存放疫苗　按品种和有效期分类存放于一定的位置，并加上明显的标记，以免混乱而造成差错和不应有的损失。

2. 疫苗的使用

(1) 疫苗的稀释方法　疫苗从冰箱取出后，应注意下面几点：

①平衡温度　免疫冻干苗时，应从贮藏器中取出疫苗，置于室温（20～25℃），平衡疫苗温度（1～2小时），然后再稀释使用，以免低温对猪体产生应激；对于灭活疫苗，温度达到室温时，方可使用，在使用前应摇晃充分混匀。

②选择稀释液　按疫苗使用说明书，用规定的稀释液，按照

规定的稀释倍数和稀释方法稀释疫苗。无特殊规定的可用注射用水或生理盐水进行稀释。疫苗应严格按说明书稀释，不要用兽药稀释或其他稀释液稀释。比如：猪繁殖与呼吸综合征弱毒活疫苗（蓝定抗）配有专用的稀释蓝定抗的稀释液，只能用来稀释蓝定抗，不能稀释其他厂家猪繁殖与呼吸综合征弱毒活疫苗，更不提倡用来稀释伪狂犬病疫苗。

③ 开启封口　稀释时先除去稀释液瓶和疫苗瓶封口的火漆或石蜡。

④ 消毒　75％酒精棉球消毒瓶塞（酒精易挥发，不需要再进一步处理）。

⑤ 稀释疫苗　用注射器抽取稀释液，注入疫苗瓶中，振荡，使其完全溶解，注意观察每瓶疫苗是否失去真空，严禁用失去真空或未溶解的疫苗免疫。

⑥ 定量　补充稀释液至规定量。

稀释生物制品应指定专人负责，特别是免疫多种疫苗时更要注意，以防混淆。稀释时要注意检查疫苗质量，如疫苗瓶已破损、失去真空（针头插入疫苗瓶后，注射器内的稀释液有自动吸入现象，如无此现象，可能疫苗已失真空）或已干缩、变色等不能使用的疫苗应剔出并妥善处理。稀释时要防止污染。一定要现用现稀释，疫苗稀释量应掌握在1～2小时内用完为宜。同时稀释好的疫苗应放在阴凉处或置于保温箱中。

（2）免疫剂量　免疫剂量是猪场非常关心的问题，疫苗免疫剂量与免疫期是在实验室条件下由健康猪群测出的实验结果。合格的国家疫苗，无论是灭活疫苗还是弱毒活疫苗，规定的免疫剂量是可以在健康猪群产生坚强的免疫力。由于目前我国猪场部分猪群存在免疫带毒现象、存在一些免疫抑制性疾病，建议猪群的免疫剂量可适当提高（正常免疫剂量2倍），免疫次数适当增加，但是反对任意加大疫苗剂量与免疫次数，否则过度免疫疫苗可能会对猪群带来不利影响。

3. 免疫记录

猪场每次免疫都要将免疫的过程以表格的形式详细明了地记录

下来，方便以后抽查监测和评估免疫效果，最好录入计算机，做成电子档案。免疫记录表包含以下信息：日期、圈舍、日龄、疫苗名称、生产厂家、免疫剂量、免疫头数、操作员、疫苗标识粘贴处及备注等。

4. 免疫前准备

（1）猪群状态观察 预防接种前，注意观察猪的精神、食欲、呼吸、体温、粪便等变化，对于变化异常或怀孕后期的猪暂缓免疫。

（2）药品的准备

① 免疫部位消毒 75％乙醇、5％碘酊、脱脂棉等。

② 人员消毒 75％乙醇、2％碘酊、来苏儿或新洁尔灭、肥皂等。

③ 急救药品 0.1％盐酸肾上腺素、地塞米松、5％葡萄糖注射液等。

④ 其他 托盘、疫苗冷藏箱等。

（3）免疫器械准备 免疫器械在使用前必须做好消毒工作。

① 消毒 先将注射器、针头等接种用具用清水冲洗干净。注射器应拧松活塞调节螺丝，放松活塞，用纱布包好；将针头用清水洗干净，成排插在多层纱布的夹层中；将镊子、剪刀洗净，用纱布包好。

② 灭菌 高压灭菌是将洗净的器械高压灭菌15分钟。煮沸消毒是放入煮沸消毒器内，加水淹没器械2厘米，煮沸30分钟，待冷却后放入灭菌器皿中备用。煮沸消毒的器械当日使用，超过保存期或打开后，需重新消毒，方能使用。

③ 注意事项 器械清洗一定要保证清洗干净；灭菌后的器械一周内不用，下次使用前应重新消毒灭菌；禁止使用化学药品进行器械消毒；使用一次性无菌塑料注射器时，要检查包装是否完好和是否在有效期内。

5. 疫苗免疫过程要点

疫苗免疫三要素：人员、猪与疫苗，免疫疫苗时掌握以下要点。

（1）人员 一定做好自身安全防护工作，特别是免疫种公猪时，注意使用器具的安全，做好免疫记录，注意观察猪群。

（2）猪

① 减小机械性刺激 抓猪时动作要轻，尽量减小惊吓造成的刺激。

② 做好消毒工作 免疫部位要用碘酒、酒精消毒，防止交叉感染。

③ 准确标记免疫猪 做好标记，防止出现再次免疫或漏免。

④ 勤换针头 一头猪最好用一个针头，至少是一窝仔猪换一个针头。

（3）疫苗

① 免疫疫苗最好在上午，使用过程中，应避免阳光照射和高温高热。

② 稀释后的疫苗应在 2 小时内用完，不可长时间放置后再用。

③ 选用适合型号的针头，并调好注射器，避免疫苗液倒流。

6. 免疫疫苗后的观察

免疫接种后，要注意观察猪群接种疫苗后的反应，如有不良反应或猪发病等情况，应及时采取适当措施。不良反应，一般认为是经预防接种后引起了持久的或不可逆的组织器官损害或功能障碍而致的后遗症。

（1）不良反应的紧急处理 动物免疫不良反应是指动物免疫接种后，因个体差异，个别动物出现的变态反应，有时因抢救不及时或抢救方法不当，会造成动物死亡。按照反应程度的不同，分为一般反应和严重反应。

① 一般反应 免疫疫苗时，有个别猪会出现不良反应，如体温升高、发抖、呕吐和减食等症状，一般 1～2 天后可自行恢复。

② 严重反应 因个体差异，个别猪只在免疫疫苗后，会出现急性过敏反应，表现为呼吸加快、肌肉震颤、口角出现白沫、倒地抽搐等，常因抢救不及时而死亡。

猪场面对免疫疫苗过程中出现的不良反应，应该及时有效的采取一定的急救措施，避免不必要的经济损失。以下列出几种不良反应的急救措施以供参考：①过敏反应、严重高热反应、消化道反应，急救措施：盐酸肾上腺素（皮下注射或肌内注射）具有强心升压、抗休克的作用，为首选急救药；去甲肾上腺素（加入5％葡萄糖静脉注射）；地塞米松（肌内注射）；抗组胺药（异丙嗪），（肌内注射）；苯海拉明（肌内注射）。②流产，由于应激可能引起母猪流产，在这里有两种选择，一是保胎，二是引产，要根据情况进行选择，不要盲目保胎，因为保胎可能由于胎死腹中造成子宫内膜炎等更为严重的后果。保胎时，注射黄体酮能收到较好的效果；引产时，可选择注射氯前列烯醇钠。③局部硬肿，当硬肿较大时可热敷处理，成熟时及时切开引流，并用双氧水冲洗创口后，涂抹碘酒以促其愈合。

克服不良反应的办法很多，应根据具体情况采取相应措施。一般对于状况不明的猪群，在免疫疫苗前1周可在水中或饲料中添加抗生素保健，控制细菌性疾病，在免疫疫苗期间，水中添加电解多维、葡萄糖等增强猪的体质，提高抗应激能力。特别强调，疫苗进行滴鼻免疫时，免疫的疫苗一定是水稀释液，不要用含有油的稀释液，因为含油的稀释液在滴鼻等方法进行免疫时，易激活呼吸道的某些条件性病原体而诱发呼吸道反应。

为了在出现不良反应时尽快对猪进行施救，免疫疫苗时，免疫员应准备好肾上腺素注射液等应激药物及专用注射器具，以缩短抢救时间。注射疫苗之后，注意观察猪群的反应，做到早发现、早抢救，一般最好免疫疫苗后观察30分钟。

（2）免疫带毒猪处理 在免疫接种时，疫苗应免疫健康的猪群，对于临床发病猪或隐性感染猪，建议在执行严格消毒的同时采取立即隔离与对症治疗。但是，由于一些猪群，从临床症状无法区分是健康猪还是隐性带毒猪，在免疫疫苗后，可能出现个别猪群发病或流产情况，这与疫苗的不良反应有本质区别，应对发病猪或流产的胎儿进行实验室抗原检测，确定发病原因。

7. 几种疫苗联合使用

一般情况下尽可能避开两种疫苗同时免疫，两种疫苗免疫间隔时间 5～7 天为宜。猪场在免疫疫苗较多或面临情况比较危急的情况时，应遵循以下几个原则：

（1）10 日龄前仔猪与怀孕期的猪慎用 2 种疫苗同时免疫。

（2）2 个厂家生产的疫苗慎用同时免疫。

（3）2 种灭活疫苗慎用同时免疫。

（4）灭活疫苗与弱毒疫苗慎用同时免疫。

（5）转群与应激性大的阶段慎用同时免疫。

8. 免疫失败原因

免疫失败是指免疫接种后，在免疫有效期内不能抵抗相应病原体的侵袭，仍发生了该种传染病（例如接种猪瘟疫苗后仍发生了猪瘟）。出现免疫接种失败的原因很多，必须从客观实际出发，考虑各方面的可能因素。下面是一些常见原因，可归纳为三大方面，即疫苗因素、猪因素和人为因素（表5）。

表 5　免疫失败分类及常见原因

免疫失败分类	免疫失败常见原因
疫苗因素	疫苗保护率有限，不能提供充足的保护
	疫苗毒株与田间流行株血清型或亚型不一致
	疫苗运输、保管不当，疫苗失效
	疫苗稀释后未及时使用，造成疫苗失效
	使用过期、变质的疫苗
猪因素	抗体对疫苗产生了免疫干扰，减少了免疫效果
	猪本身隐性带毒，感染发病
	免疫空白期感染病原，发病
	猪免疫麻痹，疫苗免疫不起效果
人为因素	未免疫上疫苗，打飞针
	疫苗操作错误，使用不当
	免疫接种途径或方法错误
	免疫接种前后使用了杀灭疫苗的药物

（四）猪场常见疫病防疫

1. 病毒性疫病

猪病毒性传染病是猪病中危害最大、最严重的一类疫病，此类疫病的特点是传播快、流行广、损失大，无特效治疗药物，主要用疫苗预防控制。

（1）猪瘟　猪瘟俗称"烂肠瘟"，又称古典猪瘟，是由猪瘟病毒引起的一种高度接触性传染病。世界范围内，北美洲和大洋洲已不存在猪瘟，但猪瘟仍然在亚洲、欧洲、中美洲、南美洲大部分国家和少数非洲国家呈地方性或散发性流行。猪瘟可感染各种年龄的猪，一年四季流行，仍是我国猪场发生最多、危害最大、流行最广的传染病之一。

① 临床症状

A. 急性猪瘟　高温稽留，体温可达 41～42 ℃，喜卧、喜饮水、弓背、寒战及行走摇晃，厌食并且嗜睡，眼部分泌物增多、流泪、结膜炎，皮肤发绀并且出现紫斑，在腹部、四肢的内侧、会阴处经常出现如米粒或针尖大小的紫红色出血点，便秘排出羊粪样的覆盖有血液及黏液的粪便。

B. 亚急性猪瘟　多见于猪瘟常发地区或饲养管理较差的猪场，较急性型缓和。潜伏期 1～2 周，体温升高 1～2 ℃，耳、四肢、腹下、会阴等处皮肤有出血点，病程长达 20 天左右。后期病猪消瘦、运动失调，常因衰竭而死亡，不死者常转化为慢性型。

C. 慢性型猪瘟　主要发生于经猪瘟疫苗免疫过的猪群，发病后少表现或不表现猪瘟的临床症状，病程长，可达 2～3 周，有的长达一个月以上。仔猪死亡率高于大猪，病猪主要表现皮肤结痂：耳尖、尾根和四肢皮肤发生坏死或脱落；消化道症状；以便秘和腹泻交替发生，病猪逐渐消瘦；回盲口常见有口状肿大，故而又称猪瘟为烂肠瘟。后期衰竭死亡。存活者严重发育不良，为僵猪。

D. 隐性型猪瘟　又称为繁殖障碍型猪瘟,主要发生在生产母猪,表现为隐性感染,无明显症状,但能垂直传播给下一代,导致胚胎死亡、弱胎和哺乳仔猪大批死亡,部分仔猪在哺乳时基本正常,无明显临床症状,但断奶时发生死亡。妊娠后期死亡的胎儿皮下水肿、腹水、胸腔积水、头部畸形、四肢发育不全(通常腿部较短)。有的仔猪出生后精神沉郁、震颤、腹泻、腿软、行走无力。多数在出生后1~2天内死亡。

② 我国猪场最新流行趋势

A. 猪瘟流行范围广　流行形式呈周期性、波浪式的地区性或散发性流行。

B. 发病日龄小　病猪多见于3月龄或90日龄以下,特别是刚出生的仔猪和10日龄以内的仔猪多见,而育肥猪和种猪很少临床发病。

C. 发病温和　非典型猪瘟是我国流行的主要病型,临床和病理解剖特征不典型,发病率与死亡率显著降低,病程明显延长。

D. 种猪持续感染和初生仔猪先天感染较普遍,是猪瘟流行最危险的传染源。

E. 胎盘感染和免疫耐受普遍存在,是规模猪场发生猪瘟的重要原因之一。

F. 免疫力低下　导致免疫过的猪只时有猪瘟的发生。发生免疫低下有二种情况:一是疫苗注射剂量不足;二是持续感染和先天感染。

G. 混合感染和并发症　致使机体免疫力低下,易与其他病毒病或细菌性疾病混合感染,导致病情复杂,发病率和死亡率增高。

③ 我国集约化猪场非典型猪瘟特点　非典型猪瘟临床症状不典型,尸体剖检病变也不明显。目前在集约化猪场中发病率和死亡率也不高,特别是当前猪病复杂,很容易误诊和忽视猪瘟的存在。其特点归纳起来有如下几点。

A. 缺乏典型的临床症状　很少见到皮肤密布出血点、脓性结膜炎、高热稽留、严重下痢等症状。仔猪多表现轻热或中热，腹下轻度淤血或四肢下部发绀，病愈后可发生干耳、干尾甚至耳壳脱落，厌食，精神沉郁，喜卧，粪便干硬，有的猪不显症状或继发感染其他病原而掩盖其症状。猪瘟病毒持续感染（亚临床感染）的母猪可见眼角脓性或血性分泌物，占 5%～30%，往往不表现发热、食欲和精神不佳等临床症状。母猪带毒可以通过胎盘感染仔猪，出现流产、死胎、滞留胎、胎儿畸形、胎儿木乃伊化、弱仔或产出部分外表健康的仔猪。母猪配种时，屡配不准。

B. 缺乏典型的大体病理变化　多数病猪尸体剖检无典型的肾脏、膀胱出血及脾脏出血性梗死症状。有时可见到淋巴结水肿和边缘充血出血。有的地方发生的非典型猪瘟，仅见肾色泽变浅及少量针尖大小的出血点或肾发育不良。

C. 猪群抗体水平不齐　母猪抗体水平高低不齐，常规细胞苗强化免疫效果不佳。接种过疫苗的猪出现不明原因的免疫失败。

D. 发病率不高　发病率 5%～30%。流行形式主要呈散发，有时出现地方性流行，流行速度缓慢。同一窝仔猪中有时也不是全窝发病，只是个别几头仔猪患病。

E. 各种年龄猪均可发病但出现发病幼龄化　从初生哺乳仔猪开始，以断奶前后仔猪发病较多，特别是 30～40 日龄仔猪发病严重。

F. 混群和疫苗接种等应激因素可造成发病率和死亡率明显升高。育肥猪时有发生。病程延长，多在半月以上，有的拖延 2～3 个月后自愈，变成僵猪。

④ 猪瘟的诊断　我国急性猪瘟少见，多为温和型，特别是仔猪表现的复杂症状，根据流行病学、临床症状、病理变化，只能建立猪瘟的初步诊断，要确诊猪瘟，必须借助实验室检测技术进行。猪瘟疫苗的免疫效果评价和免疫程序的制定，也需要通过猪瘟抗体检测进行评价。

A. 猪瘟抗原检测　需要检测发病猪的猪瘟病毒，而非猪瘟的抗体，目前在常见的猪瘟抗原检测见表6。

表 6   常用猪瘟抗原检测方法及其优缺点

方法名称	优 点	缺 点
病毒分离鉴定	准确	复杂、条件高
免疫荧光试验	准确、特异性高	判定需经验
兔体交叉免疫	特异性强、可作鉴别诊断	复杂、费时、成本高
新城疫病毒强化法	较高敏感性和重复性	特异性差
酶联免疫吸附试验（ELISA）	准确	敏感性低
聚合酶链式反应（PCR）	特异、敏感、快速	设备成本高

B. **猪瘟抗体检测**　通常用来了解猪群的群体免疫水平和疫苗免疫效果的评价，为预防接种提供科学依据，极少用于单个病例的诊断。我国猪瘟抗体的检测方法见表 7。

表 7   常用猪瘟抗体检测方法及其优缺点

方法名称	优 点	缺 点
兔体中和试验	准确	复杂、条件高
抗体竞争 ELISA	快速、简单、特异	设备成本高
间接血凝试验	简便、易操作	重复性差
胶体金试纸条	简便、易操作、快速	重复性差、特异性差

⑤ **猪瘟的疫苗免疫**　随着规模化猪场的发展壮大，猪瘟成为猪场防疫的首要疾病。猪瘟疫苗免疫是控制猪瘟最可靠的措施之一。

20 世纪 50 年代中期我国自主研制成功了享誉中外的猪瘟兔化弱毒疫苗，该疫苗具有公认的极佳安全性和免疫保护效力，能同时诱导体液免疫和细胞免疫，对各种毒株均能提供坚强保护，为控制世界猪瘟做出了巨大贡献，至今在我国、东南亚和南美仍广泛应用。

猪瘟兔化弱毒 C 株疫苗是一株非常安全的疫苗，用 C 株疫苗接种猪只后，仅有轻微的体温反应和病毒血症，不引起发病和死亡；接种怀孕 1～3 月母猪不引起死胎和流产；对不同品种的各种年龄猪均无残余毒力；未吃初乳新生猪接种后无不良反应；免疫10～14日龄吮乳仔猪，不影响其发育。

目前，市场上流通的猪瘟疫苗主要有2种：猪瘟细胞苗和猪瘟成兔脾淋苗。

A. 猪瘟细胞苗　是以犊牛睾丸细胞增殖病毒制备而成。由于其杂质蛋白含量少，使用时应激小，但也因其免疫激活成分以单纯的病毒抗原为主，致使其产生的免疫应答相对地慢且弱，猪瘟细胞苗更应引起人们关注的是其生产过程应用了大量的牛源组织和血清，致使产品容易污染牛的病毒性腹泻病毒。选用该类疫苗一定注意选择疫苗的质量。

B. 猪瘟脾淋苗　是以猪瘟兔化弱毒株免疫2.5～3千克以上的成兔，收获出现了定型热的含毒量高的兔脾脏和兔肠系膜淋巴结研磨、冻干制备而成。猪瘟脾淋苗由于兔脾脏和兔肠系膜淋巴结含有诸如特夫素等大量的免疫活性成分，因此免疫原性好，可同时激活机体的体液免疫、细胞免疫以及非特异性免疫，而且所激发的免疫应答快且强，是猪瘟紧急预防接种的优选疫苗；还能降低猪瘟的隐性带毒率和持续感染，所以也是净化猪瘟的首选疫苗。猪瘟脾淋苗的生产过程完全避免了牛病毒性腹泻病毒污染的可能，无生物安全隐患。

⑥ 建议猪瘟免疫程序

A. 母猪　跟胎2头份/头（肌内注射）。

B. 公猪　1年4次，2头份/头（肌内注射）。

C. 仔猪　25～28日龄1头份/头（肌内注射），55～60日龄2头份/头（肌内注射）。

(2) 猪繁殖与呼吸系统综合征　猪繁殖与呼吸系统综合征，俗称蓝耳病，是由猪繁殖与呼吸综合征病毒引起的一种急性、高度接触性传染病。该病最早于1987年在美国发生，随后在加拿大、欧洲各国和亚洲各地迅速流行。我国自1995年年底暴发此病，现已经成为危害我国养猪业的主要疫病之一。在2006年夏季，我国部分地区又暴发了比猪繁殖与呼吸综合征病毒毒力更强的高热病，给我国养猪业造成了巨大损失。我国将其命名为高致病性猪蓝耳病。

最新研究表明普通蓝耳病与高致病性蓝耳病只是二者之间毒力差异大，故在此列为一起阐述。

① 流行特点　初次发生时，临床表现一般比较严重，一次流行过后通常可能转入亚临床感染或持续感染状态，随后呈地方流行性发生，少有急性表现；初产母猪易发生繁殖障碍，出现晚期流产，经产母猪不时出现流产；感染公猪精液带毒，精子出现畸形，可通过受精传播病毒；易引发呼吸道疾病，与细菌、支原体、病毒等混合感染使临床表现形式复杂化；猪群持续性感染、隐性感染、持续带毒，猪场的感染率很高，从临床健康猪、发病猪血清和组织器官均可检测到病毒，感染猪可持续带毒，病毒可在感染猪体内存在很长时间，带毒猪可向环境排毒、污染猪舍造成其他猪的感染，病毒可在猪场长时间存在，很难清除；猪群免疫功能下降与免疫抑制，损害全身免疫系统、呼吸道局部黏膜免疫系统，损害免疫细胞、肺泡巨噬细胞功能，感染猪群常继发其他疾病，免疫力下降、影响其他疫苗的接种效果。

② 病原特点　典型的动脉炎病毒群特征，病毒主要在肺泡巨噬细胞上增殖，以细胞免疫为主；不耐热，对阳光抵抗力弱；不同来源的病毒致病性差异较大；损害巨噬细胞，造成猪对呼吸道疾病的易感性增强；侵害胎儿，损害免疫器官，造成后天免疫失败；主要在免疫相关细胞（巨噬细胞）中复制，可诱导免疫抑制，促进继发感染的其他病原的致病作用；抗病毒的抗体可以促进继发病毒的感染，即所谓抗体依赖性感染增强作用；可形成持续感染。

③ 临床症状

A. 母猪严重的繁殖障碍　急性流产，流产率可达 10% 以上，有时可致母猪共济失调、转圈等神经症状，可导致 1%～4% 的死亡率；不规律的发情和不孕，通常出现在急性流产期 1 周后，维持 1～4 个月；不正常分娩，妊娠 100～118 天产仔，产出弱仔、死胎、木乃伊胎。

B. 哺乳仔猪极高的死亡率　早产弱仔，由母猪妊娠后期经胎盘感染所致，死亡率可达 60%，伴有沉郁、消瘦、呼吸困难、眼结膜水肿，个别病例出现震颤、水样腹泻。

C. 保育和育肥猪疾病复杂化　急性期表现为厌食、沉郁、呼吸困难，皮肤发红、生长减缓，极易继发链球菌性脑膜炎、副猪嗜血杆菌、肺炎支原体等。

不同致病性毒株感染猪临床差异见表8。

表8　不同致病性毒株感染猪临床差异比较

	高致病性毒株	低致病性毒株
发病率与死亡率	高	低
体温	41～42 ℃（高热、持续数天）	41 ℃（升高不明显、偶有）
呼吸道症状（气喘、咳嗽、呼吸困难）	√（明显、严重）	√（不明显、轻）
消化道症状（腹泻）	√（病例不少）	×（难见到）
神经症状	√（有病例）	×（无）
母猪繁殖障碍（流产）	√	√
免疫抑制	√（细菌继发感染、严重）	√（细菌继发感染）

注：√：表示存在，×：表示不存在，或少有出现

④ 综合防控（表9）

表9　不同猪群选择不同防控方案汇总

	阴性场	潜伏感染场	不稳定场
免疫疫苗		√	√
闭群200天净化		√	√
生物安全控制	√	√	√
新饲养模式	√		√
血清人工驯化			√
药物预防保健		√	√

注：√：表示要采取的措施

阴性猪场是指猪群抗原与抗体全部阴性的猪场；潜伏感染场是

指猪群抗原阳性的猪场；不稳定场是指猪群抗原阳性且有临床发病的猪场。

我国95％以上的猪场是属于潜伏感染场或不稳定猪场，猪繁殖与呼吸综合征的控制是综合防控。综合防控的三个基本点：一是最基本的猪场生物安全措施；二是必要的、适时的药物保健措施；三是科学合理地选择猪繁殖与呼吸综合征疫苗。

⑤ 疫苗免疫　猪群尽早用疫苗免疫，并在猪感染野毒前获得免疫力，猪群免疫失败的主要原因是其没有足够时间产生免疫力。目前我国使用的疫苗主要是弱毒活疫苗，而灭活疫苗由于其效果不理想已被弃用。弱毒活疫苗主要有两类毒株：经典毒株和高致病性毒株。经典毒株有CH－1R株，R98株和VR2332株；高致病性毒株有JXA1－R株，TJM－F92株和HuN4－F112株。除VR2332株外，其余5株均为中国分离毒株，其中CH－1R株在遗传进化关系中介于弱毒株和高致病性毒株之间，与3株高致病性毒株的同源性达到95％以上。

疫苗的选择要满足以下几点：第一疫苗不能引起猪的免疫抑制，尤其是仔猪；第二疫苗不会存在毒力返强的风险；第三免疫猪只不排毒；第四疫苗毒株的交叉保护力强。目前疫苗使用时间最久、最广泛的毒株是CH－1R株，有些厂家还专门设计了疫苗增强剂，配合疫苗使用，增强疫苗效果的同时，可提高猪群的机体免疫力。

(3) 猪伪狂犬病　伪狂犬病是由伪狂犬病毒引起的多种家畜、野生动物感染的一种急性传染病。猪伪狂犬病病毒是DNA病毒，属于疱疹病毒科，能感染牛、羊、猫、犬，但猪是惟一的自然宿主和储存宿主。

伪狂犬病是20世纪70年代和80年代美国猪场断奶前仔猪死亡的头号疾病。美国从1989年开始启动了根除伪狂犬病计划，通过疫苗免疫加淘汰阳性猪群，2002年美国宣布全国消灭了猪伪狂犬病。目前已经净化伪狂犬病的国家还有英国、法国、丹麦、芬兰、瑞典、挪威、澳大利亚、新西兰等。然而，近几年伪狂犬病在我国的许多地区猪场呈暴发流行趋势，给养猪业造成巨大的经济损失，严重制约着我国养猪业的健康发展。

① 近几年伪狂犬病在我国猪场表现

A. 对于 3 周龄以下的仔猪，伪狂犬病毒主要侵害猪的中枢神经系统，导致猪出现神经症状，死亡率可达 100%。许多资料表明，仔猪伪狂犬病多见于 10 日龄内，尤其是 7 日龄内的仔猪发病和死亡居多，10 日龄以内的仔猪死亡率可达 100%，仔猪伪狂犬病的临床症状为神经症状、口吐白沫、八字形站立、畸形、盲目运动、转圈、划水运动、眼球震颤、体温升高、拉黄色水样稀粪。

B. 保育猪采食量下降、体温升高、以腹泻为主。部分猪有咳嗽、气喘、呼吸困难等症状，仔猪整齐度差。

C. 育肥猪体温升高、气喘、咳嗽、打喷嚏、呼吸困难，易继发细菌感染，育肥猪整齐度差，注射药物和饲料拌药效果都很差。

D. 母猪常常发生流产、产死胎、弱仔猪、木乃伊胎等；青年母猪、空怀母猪常常返情、屡次配种不孕或不发情；公猪常出现睾丸肿胀、萎缩、性功能下降、失去种用能力。

E. 伪狂犬病毒侵害其呼吸系统，是猪呼吸道综合征的原发病原之一。

F. 伪狂犬病毒还破坏机体的免疫系统，导致机体的免疫抑制和干扰疫苗的免疫效果。

② 伪狂犬病的疫苗免疫免疫　接种仍是预防和控制伪狂犬病的主要措施。目前猪场使用的疫苗主要是基因缺失疫苗，基因缺失疫苗中，自然缺失 gE/gI 的 Bartha - K61 株是应用最为广泛的毒株，为全球控制与消灭猪伪狂犬病做出了重大贡献。

猪伪狂犬病会造成断奶前仔猪的大量死亡，控制早期伪狂犬病的有效措施是滴鼻免疫。滴鼻免疫是指新生仔猪 3 日龄前滴鼻伪狂犬疫苗。在养猪生产上，伪狂犬病疫苗的滴鼻免疫取得了很大成功。鼻内接种能避开母源抗体干扰，快速产生细胞和黏膜免疫，诱导产生干扰素，避免早期感染。与其他免疫途径相比鼻内接种能够明显降低排毒量。滴鼻免疫疫苗是模拟伪狂犬的野毒感染，刺激黏膜产生黏膜免疫应答，并在大脑部位的细胞内有限的增殖，占位复制从而阻断了野毒的隐性感染或潜伏感染。研究表明某些疫苗会移植至免疫猪的隐性靶组织即三叉神经元，并通过与伪狂犬野毒的超感染竞争，从而阻断隐性感染的发生。

滴鼻免疫对疫苗的要求：能够滴鼻的疫苗必须至少具备 4 个条件：

A. 疫苗抗原量合理　疫苗的抗原量不能太高，否则刺激性较强，抗原的含量也不能太低，否则起不到保护作用。必须在一个合理的范围内。

B. 良好的抗原保护剂　因为滴鼻免疫不同于肌内注射能很快地全部进入肌体，它要在鼻黏膜部位存在一定的时间，如果抗原的保护剂不好，可能产生的应激导致疫苗的部分失活，造成保护不全面，而伪狂静疫苗稀释后还能保持 72 个小时是一个很好的保护剂。

C. TK 基因不能缺失　TK 基因是控制伪狂犬病毒在神经节内复制的一个基因，也称占位基因，如果缺失，接种的弱毒就不能在黏膜部位进行有限的增殖，野毒还是可能进入。

D. 水溶性佐剂　局部黏膜免疫也称黏浸润免疫，佐剂必须能被黏膜吸收，水包油的佐剂是严禁进行滴鼻的。

③ 伪狂犬病的净化研究　国外已有大量应用基因缺失疫苗净化伪狂犬病的成功经验，我国也有大量猪场成功净化猪场伪狂犬病的实践经验。目前猪场净化控制传染病的两个基本条件已经完全满足，即筛选出能够诱导足够免疫力并缩短感染野毒排毒时间的疫苗，并确立了科学的免疫程序；开发出商品化的可鉴别疫苗诱导抗体和野毒诱导抗体的诊断试剂盒。猪伪狂犬病的净化四种方案：

A. 淘汰扩群法　即淘汰猪场内所有猪只，然后对栏舍内设施设备进行整理、清扫、彻底消毒，对栏舍的周围场地、道路清扫、彻底消毒，空置一段时间后再进行第二次消毒，最后再引进经检测无伪狂犬病毒感染的种猪进行扩群。该方法操作简单、成功率大、费用高。

B. 后代隔离法　即仔猪提早断奶，然后将断奶仔猪转移至确定的"无伪狂犬病毒的清洁区"内饲养。该方法可阻断多种传染因子的传播，有利于多种疾病的净化，但要求母猪必须不感染伪狂犬病毒或伪狂犬阳性母猪不在排毒期，对管理要求高。

C. 检测淘汰法　即反复多次对全场猪群逐只进行伪狂犬野毒抗体检测，淘汰伪狂犬野毒抗体阳性猪只，再引进伪狂犬野毒阴性种猪扩群。该方法对管理影响小，实施方便，但是对伪狂犬野毒阳性率比较高的猪场不适用，需多次检测，检测费用比较高。

D. 管理免疫法　即加强饲养管理，做好生物安全措施，确保每次引进的种猪都是伪狂犬阴性猪，同时对全场猪群进行伪狂犬基因缺失弱毒疫苗（伪狂静）免疫接种。母猪在分娩前 40 天和产后 15 天左右各肌内注射 2.0 头份伪狂静，仔猪可以根据猪场的具体情况选用"337 伪狂犬免疫模式"，该方法操作简单、费用低，比较切合中国实际。到目前为止，我国有多个规模养猪场多年一直采用这种方法，取得了明显效果，部分猪场就通过这种方法在本场内经过2~3年净化了伪狂犬病。

(4) 猪圆环病毒病　猪圆环病毒病是由猪圆环病毒 2 型引起猪的一种新传染病。其临床表现多种多样，主要特征为体质下降、生长发育不良、消瘦、贫血、黄疸、呼吸困难、渗出性皮炎、腹泻、母猪繁殖障碍等。2005 年在北美暴发流行猪圆环病毒 2 型以来，猪圆环病毒 2 型成为各国学者研究焦点，2008 年第 20 届国际猪病大会将猪圆环病毒 2 型引发的疾病列为危害养猪业头号疾病。

① 猪圆环病毒 2 型特性　猪圆环病毒 2 型是迄今已知最小的动物病毒之一，无囊膜，单股环状 DNA 病毒。在胎儿期，心肌、肝实质细胞和巨噬细胞存在病毒；出生的猪，病毒主要分布于巨噬细胞（包括心、肝、肺、脾、腹股沟淋巴结等组织）中，在脾、淋巴结和肾中最高，肺次之，心、肝中的含量较少。病毒对环境抵抗力较强，56 ℃不能将其灭活，72 ℃能存活 15~30 分钟，可抵抗pH3.0 的酸性环境，经氯仿作用不失活，对苯酚、季铵盐类化合物、氢氧化钠和氧化剂等相对较敏感。

② 猪圆环病毒 2 型相关性疾病

A. 断奶仔猪多系统衰竭综合征　发生于 5～12 周龄保育猪，临床表现为进行性消瘦、呼吸困难、黄疸、皮肤苍白等症状；病理变化为全身淋巴结肿大，淋巴器官肉芽肿性炎症和不同程度的淋巴细胞缺失，肺斑点状出血。

B. 猪皮炎与肾病综合征　皮肤发生圆形或不规则形的隆起，呈现红色或紫色，中央为黑色的病灶，病灶常融合成条带和斑块，病灶通常在后躯、后肢和腹部最早发现，有时亦可扩展到胸肋或耳；肾脏肿胀、发白及肾皮质有大面积出血点；发病温和的猪体温正常，行为无异，常自动康复，发病严重猪可能显示跛行、发热、厌食或体重减轻。

C. 猪呼吸道病综合征　常发生于 16～22 周龄生长猪和育肥猪，表现为生长迟缓、饲料利用率下降、嗜睡、厌食、发热和呼吸困难；病理变化为支气管间质性肺炎、肺部广泛性的肉芽肿性炎症。

D. 仔猪先天性震颤　猪场内种猪均无异常表现，仅见于仔猪，又称"抖抖病"，是仔猪出生后不久出现的全身或局部以肌肉阵发性挛缩的一种病，常为新引入种猪在怀孕期受圆环病毒感染所致。

E. 猪圆环病毒 2 型相关性繁殖障碍　主要发生在初产母猪或导入的新猪群中，怀孕不同阶段出现流产和死胎，后期的流产和死胎，有时可见到胎儿明显的心肌肥大与心肌损伤，病毒感染母猪，受胎率降低或不孕。

F. 猪圆环病毒 2 型相关性肠炎　主要表现为腹泻，开始拉黄色粪便，后来拉黑色粪便，生长迟缓，所有病例抗生素治疗都无效。

③ 猪圆环病毒病流行特点　各种日龄猪都可感染，但成年猪通常呈亚临床状态，可以作为本病的重要传染源；主要感染母猪、哺乳后期仔猪和育肥猪，2～3 月龄最易感；在感染猪群中，仔猪发病率差异很大，发病的严重程度也有明显的差别，发病率通常为 8%～10%，也可达 40%；应激因素是诱发其大量繁殖致病的重要原因，最常见应激因素有断奶、免疫、气候骤变、断尾、打耳号、

换料、转群等。

④ 猪圆环病毒病的诊断　结合流行病学（断奶后 2～6 周）、临床症状（消瘦、苍白或黄疸、呼吸困难）、病理变化（腹股沟淋巴结肿大）及实验室诊断（PCR 与 ELISA）。

⑤ 猪圆环病毒病预防和控制

A. 建立猪场完善的生物安全体系　消毒卫生工作贯穿于养猪生产的各个环节，最大限度地降低猪场内污染的病原微生物，减少或杜绝猪群继发感染的机率，在消毒剂的选择上应考虑使用广谱的消毒药如（金）卫康等。

B. 加强猪群饲养管理、降低猪群应激因素，避免饲喂发霉变质或含有真菌毒素的饲料，作好通风、换气，降低氨气浓度、改善空气质量，保持猪舍干燥、降低猪群的饲养密度。

C. 提高猪群的营养水平，提高饲料的质量，蛋白质、氨基酸、维生素和微量元素等水平，提高断奶猪的采食量、保证仔猪充足的饮水。

D. 免疫接种　在接触病毒前获得免疫力，则效果会很好。

⑥ 猪圆环病毒 2 型疫苗　目前疫苗主要是圆环病毒灭活疫苗，优秀的疫苗具备的条件。

A. 抗原滴度高（病毒含量）　每头份半数组织培养感染剂量（TCID50）$\geqslant 10^{5.0}$。

B. 抗原纯度高　先进纯化技术去除杂质。

C. 先进乳化工艺。

D. 卓越的佐剂与优良的通针性（副作用小、吸收快、产生免疫力迅速）。

⑦ 疫苗的免疫程序

A. 种公猪　3 次/年，2 毫升/头/次。

B. 母猪　产前 35 天免疫，2 毫升/头/次。

C. 商品猪　14 日龄免疫 1 毫升/头/次，威胁严重的猪场，28～35 日龄加强免疫 1 毫升。

(5) 口蹄疫　口蹄疫是由口蹄疫病毒引起的一种急性、热性、高度接触传染性和可快速远距离传播的动物疫病。口蹄疫病毒侵染对象是猪、牛、羊等主要畜种及其他家养和野生偶蹄动物，易感动物多达 70 余种。主要引起幼畜死亡、产奶量下降、肉食减少、肉品下降、动物的生产性能降低，是一种世界性传染病，其重疫区仍为亚洲、非洲和南美洲，欧洲为地方性流行或散发。口蹄疫是各国重点检疫和防范的疫病，造成家畜及其产品国际贸易障碍，影响畜产品安全和出口贸易，近年被列为生物武器安全公约组织重点检查对象。

① 流行特点

A. 发病初期动物是最重要的传染源，此时排毒量最多、毒力最强，可通过破溃水疱、粪、乳、尿、呼出气体和精液排毒，其中以病猪破溃的蹄部水疱皮和呼出气体的含毒量最高。

B. 病愈动物带毒现象严重，病猪可带毒 2～3 周，康复带毒现象在该病传播中具有十分重要的作用。

C. 同群动物间可进行直接接触传播，但间接接触传播是该病毒的最主要传播方式。

D. 患病动物的分泌物、排泄物、脏器、血液和各种动物产品及其被污染的车辆、饲养用具、饲料以及有关人员和非易感动物等都是重要的传播媒介。

E. 空气也是该病重要的传播媒介，病毒能随风传播到 50～100 千米以外的地方，甚至能引起远距离的跳跃式传播。

F. 通过皮肤黏膜也可造成该病的传播和流行。

G. 流行具有季节性变化的特点，猪则以秋末、冬春常发，春季为流行盛期，夏季较少发生。

H. 新疫区动物的发病率可达 100%，无论年龄大小，所有动物均可发病，老疫区动物的发病率为 50% 左右，且发病动物一般为幼龄动物或未经疫苗免疫接种的成年动物。

② 临床症状　以蹄部水疱为特征，体温升高，病初体温高达 40～41℃，全身症状明显，蹄冠、蹄叉、蹄踵发红、形成水疱和溃烂，有继发感染时，蹄壳可能脱落；病猪跛行，喜卧；病猪鼻

盘、口腔、齿龈、舌、乳房（主要是哺乳母猪）也可见到水疱和烂斑；吮乳仔猪多呈急性胃肠炎和心肌炎而突然死亡，病死率高达60%～80%。有的甚至整窝死亡。

③ 特征病理变化　咽、气管等处溃疡，虎斑心，口腔、蹄部、乳房、咽喉、气管、支气管和前胃黏膜出现水疱、圆形烂斑和溃疡，上面覆有黑棕色的痂块，真胃和大小肠黏膜可见出血性炎症。

④ 诊断要点　口蹄疫病变典型易辨认，故结合临床病学调查不难作出初步诊断。其诊断要点为：

A. 发病急、流行快、传播广、发病率高，但死亡率低，且多呈良性经过。

B. 大量流涎，呈引缕状。

C. 口蹄疮定位明确（口腔黏膜、蹄部和乳头皮肤），病变特异（水疱、糜烂）。

D. 恶性口蹄疫时可见虎斑心。

E. 为进一步确诊可采用动物接种试验、血清学诊断及鉴别诊断等。

⑤ 综合防疫　猪群发生口蹄疫后，一般不允许治疗，而应采取扑杀措施。我国对于猪口蹄疫的防疫，还是通过免疫疫苗来预防和控制。目前我国已形成了以灭活疫苗免疫全部易感动物为主，以扑杀发病及同群易感动物和其他措施为辅的免疫防控政策。

⑥ 疫苗免疫

A. 口蹄疫病毒血清型多且极易发生变异　不同血清型间没有交叉保护，同一血清型又存在不同亚型，亚型之间的交叉保护差异巨大。目前猪群口蹄疫病毒以 O 型、亚洲 1 型为主，缅甸 98 株（Mya98）是最近几年流行株，最新报道猪群可能还受到其他型的威胁。

B. 疫苗种类单一　目前我国只允许灭活疫苗使用，灭活疫苗免疫期短，空白期长，免疫效果不理想。

C. 疫苗因抗原不断发生变化，制苗毒株必须与流行毒株尽可能的匹配，免疫才能收到良好效果，需要国家加大研发力度，及时更新疫苗毒株。

(6) 猪细小病毒病　猪细小病毒病是由猪细小病毒感染而引起的胚胎感染及死亡，而母猪不表现明显症状的繁殖障碍性疾病。其特征为，妊娠母猪特别是初产母猪发生流产、死胎、畸形胎、弱仔、木乃伊胎。本病广泛分布于世界各地，给养猪业造成巨大的经济损失。

① 流行病学　常见于初产母猪；多发于 4～10 月份或母猪产仔和交配后的一段时间；呈地方流行性和散发，一旦发病可持续数年；主要危害新生仔猪、胚胎和胎儿；猪感染后 3～7 天开始排毒，污染环境可持续数年；感染母猪和公猪的精液是主要的传染源；病毒可经胎盘感染，经口、鼻或交配感染。

② 临床症状　母猪繁殖障碍表现为：30～50 天感染呈现木乃伊胎，50～60 天感染造成死产，70 天感染造成流产，70 天后感染所产猪可存活，但带有病毒和抗体；其他表现包括发情不正常、返情率升高、新生仔猪死亡、产出弱仔、妊娠期和产仔间隔延长等现象；对公猪受精率或性欲没有明显影响。

③ 病理变化　无特征性病变，仅见母猪子宫内膜有轻微炎症，胎儿在子宫内溶解、吸收，或感染胎儿出现充血、水肿、出血、体腔积液、脱水（木乃伊化）及坏死等现象。妊娠前期（1～70 日龄）感染胎儿出现死亡、木乃伊化、骨质溶解、腐败等病理变化，母猪流产，有轻度子宫内膜炎变化，胎盘部分钙化，胎儿在子宫内被溶解吸收。大多数死胎、弱仔皮肤皮下充血或血肿。胸膜腔积有淡黄色或淡红色渗出液。

④ 诊断　胚胎或胎儿死亡、胎儿木乃伊化；主要发生于初产母猪；母猪没有临床症状；确诊必须依靠实验室检测。

⑤ 防治　疫苗免疫预防是控制该病的主要手段。目前，国内猪细小病毒病疫苗均为灭活疫苗。建议初产母猪配种前进行两次疫苗接种，经产母猪前 3 胎进行免疫。

(7) 猪乙型脑炎病　猪乙型脑炎又称流行性乙型脑炎、日本脑炎，是由流行性乙型脑炎病毒引起的一种急性、人兽共患的自然疫源性传染病。

① 流行病学

A. 传染源包括家畜、家禽和鸟类；其中猪（特别是幼猪）是主要传染源，感染率可达100％。

B. 蚊虫叮蛟，库蚊、伊蚊、按蚊都能传播本病，三带喙库蚊为主，既为传播媒介，也是储存宿主。

C. 流行于亚洲东部的热带、亚热带及温带地区。在我国，除东北北部、青海、新疆及西藏等地外的其他地区均是疫区，在每年的夏秋季节都有本病的流行。

D. 亚热带及温带80％～90％的病例都集中在7、8、9三个月内，其原因与三带喙库蚊的分布和活动规律有关；可随地理环境、气温和雨量轻度波动，珠江三角洲等气温较高地区，发病也会提前或延后。

② 临床症状　不同品种和年龄的猪都可感染，但以初产母猪的发病率高；神经系统症状，如高热、精神沉郁或兴奋，食欲减退，有的出现后肢麻痹、视力减退、摆头、乱冲撞等；怀孕母猪突然发生流产、木乃伊胎、死胎或早产，产弱仔等。母猪表现为一过性发热，流产后母猪即恢复，有的后肢跛行；初生仔猪感染出现神经症状很快死亡；流产胎儿皮下水肿，脑水肿（水脑症）充血；公猪发病后，可表现单侧或双侧的睾丸炎。流产母猪子宫内膜充血，并覆有黏稠分泌物，少数有出血点。发高烧或产死胎的子宫黏膜下组织水肿，胎盘呈炎性反应。死胎根据感染的阶段不同而大小不一，部分死胎干缩，颜色变暗称为木乃伊。流产、死胎胎儿呈梯度性死亡，出现神经症状的病猪，可见到脑膜和脊髓膜充血。公猪睾丸炎、肿胀、精子生成障碍。肝脏、脾脏、肾脏中淋巴细胞灶状浸润和坏死。

③ 诊断　根据具有明显季节性的流行病学特点，结合母猪流产、早产、木乃伊及公猪睾丸炎等不难作出诊断。确诊要靠实验室诊断：病毒分离，采集发病母猪初期血液或公猪肿胀睾丸或流产胎儿脑脊髓液进行。

④ 防疫　主要采取灭蚊防蚊和预防接种为主的综合性措施。免疫疫苗是预防猪乙型脑炎最有效的方法。国内外许多研究证明：灭活疫苗对猪体的免疫效果很差；弱毒疫苗对猪体有上佳的免疫效果。

（8）猪流行性腹泻　猪流行性腹泻是由猪流行性腹泻病毒引起的猪的一种高度接触性肠道传染病，以呕吐、腹泻和食欲下降为基本特征，各种年龄猪均易感，但以哺乳仔猪死亡率最高。

① 临床症状　潜伏期一般为 5～8 天，临床症状为水样腹泻，腹泻时有呕吐，呕吐常发生于吃食后，症状的轻重随年龄大小而异，年龄越小，症状越重；1 周龄内新生仔猪发生腹泻后 3～5 天，呈现严重脱水而死亡，死亡率可达 50%～100%。断奶猪、母猪常呈现精神委顿、厌食和持续腹泻（约 1 周），并逐渐恢复正常，少数猪恢复后生长发育不良。育肥猪在同圈饲养感染后都发生腹泻，1 周后康复，死亡率 1%～3%。成年猪症状较轻，有的仅表现呕吐，重者水样腹泻 3～4 天可自愈。发病猪眼观变化仅限于小肠，小肠扩张，内充满黄色液体，肠系膜充血，肠系膜淋巴结水肿，小肠绒毛缩短。

② 最新变化　猪流行性腹泻是养猪生产中常见的腹泻性疾病，但是该病近几年引起全球关注，成为养猪者关注的焦点。2010 年前该病在我国呈散发性流行，总体对养猪生产危害不大。从 2010 年底开始，不少地区的很多猪场发生仔猪腹泻，流行面较广，呈暴发性流行，且难以控制，2011—2012 年流行面进一步扩大，疫情继续蔓延，发病猪场呈现仔猪高死亡率，经济损失巨大。该病具体表现为哺乳仔猪（大多 3～10 日龄以内），发病最严重，发病仔猪呈水样腹泻，整窝发病、整窝死亡，发病率 100%，病死率 80%～100%，其他阶段的猪和母猪也有发病，但症状轻，发病猪场疫情可持续 1 个月以上，死亡巨大。大量样本检测分析发现主要病原是猪流行性腹泻病毒，对流行毒株的全基因组序列测定表明，是一种新的毒株，该毒株的 S 基因与韩国的毒株同源性最高。

③ 防疫　防控该病采取综合措施，解决该病根本还是有效的

疫苗。目前防疫做好以下几方面工作：

A. 产房卫生消毒　　猪场应严格做到全进全出，特别是要加强对产房的清洁和消毒卫生工作。仔猪断奶后，产房母猪应全部移出，然后对产房进行彻底清洗，喷洒消毒剂和进行薰蒸消毒，空舍5～7天，同时，应对产房的饲槽等饲喂工具进行清洗和消毒。

B. 严格执行生物安全控制措施，控制人员的进出，猪场受到疫情危险时暂时不要进行引种工作，尤其是不能从发生疫情的地区或猪场引种，避免引入带毒或感染的种猪。

C. 合理科学返饲　　发病猪场，在返饲样品保证无其他病原存在的情况下，可尝试采集发病仔猪粪便和肠内容物，进行返饲。

D. 免疫接种　　由于近年的流行性腹泻病毒发生一定变化，以前的疫苗毒株对当前流行性腹泻效果不理想，在免疫传统疫苗毒株时要科学正确评估效果，且同时采取综合措施防治。北京大北农动物医学研究中心研制的猪腹泻病毒—传染性胃肠炎病毒二联弱毒新型疫苗即将上市，可对当前流行性腹泻的防治起到重要的作用。

(9) 猪传染性胃肠炎　　猪传染性胃肠炎是由猪传染性胃肠炎病毒引起的高度传染性肠道疾病，临床特征为腹泻、呕吐和脱水，可发生于各种年龄的猪，10日龄以内的仔猪病死率很高，5周龄以上的猪感染后病死率很低，较大的或成年猪几乎没有死亡。

① 流行病学　　本病对各种年龄的猪均有易感性，主要以暴发性和地方流行性两种流行形式为主，猪只发生不同程度的厌食、呕吐、腹泻，哺乳猪发病最严重，其发病率和死亡率均很高，断奶猪、育肥猪和成猪的症状较轻，大多数能自然康复；病猪和带毒猪是主要传染源，它们从粪便、乳汁、鼻液或呕吐物中排出病毒，污染饲料、饮水、空气及用具等，由消化道和呼吸道侵入易感猪体内；本病多发于冬季，不易在炎热的夏季流行；在新疫区呈流行性发生，传播迅速，1周内可传遍整个猪群。在老疫区则呈地方流行性或间歇性的发生，发病猪不多，10日龄至6周龄小猪容易感染，而隐性感染率却很高。

② 病毒经口和鼻感染猪后，经咽、食管到胃，它能抵抗低 pH

和蛋白水解酶而保持活性，直至与高度敏感的小肠上皮细胞接触，或通过血流直达高度敏感的小肠上皮细胞，大量小肠上皮细胞受感染后，使直肠和回肠的绒毛显著萎缩，肠黏膜的功能性上皮细胞迅速被破坏脱落，降低产生某些酶的能力，扰乱消化和细胞营养物质及电解质的运输，引起消化吸收不良综合症，另外小肠看起来明显缺乏营养物质是因为感染猪不能消化乳糖，也不能对其他营养物质进行消化所导致的。乳糖在肠腔中的存在，由于渗透压的作用，导致水分的停留，甚至从身体组织中吸收体液，导致腹泻和失水。

③ 临床症状　本病潜伏期随感染猪的年龄而有差别，仔猪2～24小时，大猪2～4日。仔猪最先发病，典型症状是先出现呕吐，接着发生剧烈水样腹泻，呕吐多发生于哺乳之后，下痢为乳白色或黄绿色，带有小块未消化的凝乳块，有恶臭。在发病末期，由于脱水，体重下降很快，体温也随之下降。发病后2～7天死亡，耐过的小猪，生长较缓慢，出生后5日以内仔猪的病死率为100％。育肥猪、母猪和公猪的临床症状表现轻重不一样，普遍为厌食，个别呕吐，严重腹泻的猪排出水便呈喷射状。泌乳母猪发病严重，表现高度体衰，体温升高，泌乳停止，呕吐，食欲不振，严重腹泻。妊娠母猪的症状往往不明显或仅有轻微的症状。中猪、胎猪和母猪的临床症状较轻，表现减食，厌食，腹泻呈喷射状，有的呈呕吐症状，但很快康复，死亡率低。

④ 病理变化　肉眼可见尸体脱水明显，主要病变在胃和小肠，哺乳仔猪的胃常膨满，滞留有未消化的凝乳块。3日龄小猪中，约50％在胃横膈膜憩室部黏膜下有出血斑，胃底部黏膜充血，出血或轻或重，肠内充满白色或黄绿色液体，肠壁变薄而无弹性，肠管扩张呈半透明状，肠系膜出血，主要是肠绒毛萎缩引起的。肠上皮细胞脱落最早发生于腹泻后2个小时，另外可见肠系膜充血，肠系膜淋巴结严重或轻度充血肿大，肠上皮细胞变性后呈扁平或方形的未成熟细胞，主要病变是空肠和回肠绒毛明显变短。

⑤ 诊断　本病的诊断可根据临床症状，流行病学及病理变化作出初步诊断，若进一步确诊，还须进行实验室诊断。实验室诊断

主要包括：反转录聚合酶链反应（RT－PCR）快速诊断法，根据标准毒株的基因序列，设计合成一对引物，用 RT－PCR 技术对发病猪的粪便进行检测，结果若得到与预期大小相一致的 PCR 产物，则可证实该病毒为传染性胃肠炎病毒。

⑥ 防制　由于本病尚无有效的治疗药物，因此注意防疫变得非常重要，特别注意平时不从疫区或病猪场引进猪只，以免病原传入，另外应强化猪场的日常防疫、卫生管理，定期消毒、免疫预防是防制的有效方法，目前疫苗主要是灭活疫苗，弱毒疫苗正在研制中，主要是对产前 30 天的母猪通过后海穴（尾根下肛门上之间的凹陷处）免疫。

2. 细菌性疫病

猪细菌性传染病经过综合防治特别是药物的大量使用得到了有效控制，细菌性疾病由原发性疾病逐渐变为继发性疾病或条件性疾病。随着人们对食品安全的要求越来越高，过度依赖药物控制细菌性疾病策略面临挑战，细菌性疾病的防控向养猪者提出更高要求，规模化猪场常见的细菌性疾病主要有以下几种。

(1) 副猪嗜血杆菌病　副猪嗜血杆菌病又称格拉泽氏病或革拉泽氏病，是由副猪嗜血杆菌引起的细菌性疾病，表现为猪多发性浆膜炎、关节炎、纤维素性胸膜炎和脑膜炎等。副猪嗜血杆菌病曾一度被认为是由应激所引起的，如今已证实是感染了副猪嗜血杆菌所致，该病已成为全球范围内影响养猪业的典型细菌性疾病。近几年猪场副猪嗜血杆菌病的发病率在我国成逐年上升趋势。

① 病原　副猪嗜血杆菌是一种革兰氏阴性、兼性厌氧、非溶血性、Ⅴ因子依赖性、无芽孢的短小杆菌，属于巴斯德科嗜血杆菌属，是猪上呼吸道条件性常在菌，副猪嗜血杆菌有很多血清型，已经分类的有 15 个血清型，未经分类的若干，目前我国流行的副猪嗜血杆菌菌株多为血清 4 型和血清 5 型。

② 流行特点　副猪嗜血杆菌主要通过空气、猪与猪之间的接触及排泄物进行传播，主要传染源为病猪和带菌猪，副猪嗜血杆菌病通常只感染猪，有较强的宿主特异性。通常情况下，母猪和育肥

猪是副猪嗜血杆菌的携带者；副猪嗜血杆菌病可影响 2～4 周龄猪，主要在断奶后和保育期间发病，感染高峰为 4～6 周龄的猪，副猪嗜血杆菌病的发病率在 10％～15％，严重时病死率可达 50％；副嗜血杆菌的引入可能导致高发病率和高死亡率的全身性疾病，影响猪生产的各个阶段，在猪群中引入新饲养的种猪时，副猪嗜血杆菌的存在是个严重的问题。

③ 临床症状与病理变化　临床症状包括发热，食欲不振，厌食，反应迟钝，呼吸困难，疼痛（由尖叫推断），关节肿胀，跛行，颤抖，共济失调，可视黏膜发绀，侧卧，随之可能死亡。急性感染后可能留下后遗症，即母猪流产，公猪慢性跛行。总之，咳嗽、呼吸困难、消瘦、跛行和被毛粗乱是主要的临床症状。肉眼可见的病理变化主要是在单个或多个浆膜面，可见浆液性和化脓性纤维蛋白渗出物，这些浆膜包括腹膜、心包膜和胸膜，这些损伤也可能波及脑膜和关节表面，尤其是腕关节和跗关节。

④ 诊断　流行病学调查、临床症状和尸体解剖的基础上，初步诊断，细菌的分离培养对确诊是必要的，但往往不能成功，这是因为副猪嗜血杆菌娇嫩，相对于标本中同时可能出现的其他细菌，难以满足其生长需要。

⑤ 防治　副猪嗜血杆菌病是猪瘟、伪狂犬病、猪繁殖与呼吸综合征和圆环病毒病的继发感染，控制该病关键是先控制好原发性疾病，该病的防治分为药物防治与疫苗免疫两种：

A. 药物防治　是较理想的防治方法，多数血清型的副猪嗜血杆菌对氟苯尼考、头孢菌素、壮观霉素、磺胺类及喹诺酮类等药物敏感，注意用药时间要早（细菌大量繁殖初期），交叉用药，避免耐药性产生。有条件的猪场可通过药敏实验筛选敏感药物。

B. 疫苗免疫　疫苗防治也是有效的办法之一，但副猪嗜血杆菌病血清型太多，也使得疫苗的使用受到一定程度的制约。目前，在我国批准的疫苗主要是灭活疫苗，效果受到一定限制。

(2) 猪丹毒　猪丹毒也称"钻石皮肤病"或"红热病"，是由红斑丹毒丝菌引起的一种急性、热性传染病。2012 年开始，我国部分地区中大猪出现了猪丹毒病的流行，严重危害猪群的健康，成为猪场重新关注的疫病之一。

① 病原　猪丹毒杆菌是革兰染色阳性菌，在急性病例的组织触片或培养物中，菌体细长呈直或稍弯的杆状，以单个或短链状存在；在人工培养基上经过传代后，可形成长丝状；老龄培养物中则呈球状或棒状；对不良环境的抵抗力相当强、抗干燥，动物组织内的细菌在各种条件下能存活数月。

② 流行特点　猪丹毒一年四季均可发生，主要发生在夏、秋两季，以7～9月发病最多，3～6月龄的猪只最易感染，老龄猪和哺乳仔猪发病少，常为散发性或地方流行，有时呈暴发流行。在流行初期猪群中，往往突然死亡1～2头健壮大猪，以后出现较多的发病或死亡病猪；病猪和各种带菌动物是主要的传染源，其中最重要的带菌者可能是猪，35％～50％猪扁桃体和淋巴组织中存在猪丹毒杆菌。传播途径广泛，接触传染是重要的传播途径之一，病猪、带菌猪以及其他带菌动物通过其分泌物、排泄物等污染饲料、饮水、土壤、用具和猪舍，可经消化道途径传给易感猪，本病也可经损伤的皮肤及蚊、蝇、虱、蜱等吸血昆虫传播。

③ 临床症状　根据临床表现分为急性型、亚急性型和慢性型。

A.急性型　发病突然，急性死亡的猪大多死于败血症，病猪主要表现为稽留热，虚弱，喜卧不愿走动，厌食，有的出现呕吐，结膜充血，粪便干结，常常附有黏液，有时可能下痢，严重的呼吸增快，黏膜发绀，部分病猪皮肤潮红，继而发紫。病程3～4天，死亡率80％左右，存活猪5～7天体温恢复正常，转为亚急性型或慢性型。病猪全身性的败血症变化，在各个组织器官都可见到弥漫性的出血，心肌和心外膜上有斑点状出血，胃肠道具有卡他性出血性炎症变化，尤其是胃底部和幽门部出血明显，胃浆膜面也有出血点。脾脏充血、肿胀明显，呈樱桃红色，肾脏瘀血、肿大，外观呈暗红色，皮质部有出血点。肝脏充血、肿大，肺脏充血、水肿，淋巴结充血、肿大，有浆液性出血性炎症变化。

B.亚急性型特征　皮肤表面出现疹块。胸、腹背、肩、四肢等部位的皮肤发生疹块，疹块呈方块形、菱形，偶有圆形，稍突起于皮肤表面，大小一至数厘米，从几个到几十个不等。

C. 慢性型　由急性型、亚急性型转变而来，慢性关节炎主要表现为四肢关节的炎性肿胀，腿部僵硬、疼痛，关节变形，出现跛行。心内膜炎病猪：消瘦，贫血，全身衰弱，喜卧不愿走动，听诊心脏有杂音，心跳加速，心率不齐，呼吸急促，通常由于心脏麻痹而突然死亡。皮肤坏死：病猪的背、肩、耳、蹄和尾等部位皮肤坏死，如有继发感染，可能出现皮肤坏疽、结痂，病程延长。慢性猪丹毒主要病变是增生性、非化脓性关节炎。关节腔含有大量的浆液性血样浑浊滑液，偶尔可见心瓣膜上的疣状增生物。

④ 诊断　根据流行病学、临床症状、病理剖检变化等可作出初步诊断，结合实验室确诊。涂片镜检可取病猪血液或病死猪的心、肺、肝、脾、肾、关节滑液等涂片染色、镜检；细菌分离和鉴定可取急性死亡动物的心、肺、肝、脾、肾、关节等病料样品，接种血清或血液琼脂平板进行细菌的分离培养。

⑤ 防治　发现病猪后要立即进行隔离治疗；对猪群、饲槽、用具等要彻底消毒，粪便和垫草进行烧毁或堆积发酵；对病死猪、急宰猪的尸体及内脏器官进行无害化处理或化制，同时严格消毒病猪及其尸体污染的环境和物品。药物防治可用对猪丹毒高度敏感的青霉素，用抗生素治疗，不能停药过早，否则容易复发或转为慢性。用青霉素无效时，可改为金霉素、红霉素、土霉素等治疗，必要时考虑紧急接种疫苗预防。

3. 猪支原体肺炎

猪支原体肺炎，又称猪地方流行性肺炎，俗称猪气喘病，是由猪肺炎支原体引起的猪的一种慢性呼吸道传染病，具有接触性、高传染性、高发病率和低死亡率的特征，被誉为影响养猪业经济效益的"隐性杀手"，是危害养猪业的重要疫病之一。

（1）流行特点　自然感染仅见于猪，临床康复猪可长期带菌、排菌，一旦传入如不采取严格措施则很难彻底清除；不同年龄、性别、品种的猪均可感染但以哺乳仔猪和幼猪最为易感且发病率和病死率最高，其次是怀孕后期和哺乳期母猪，育肥猪病势较轻；支原体存在于病猪肺的细支气管和支气管上皮细胞表面和纤毛，经呼吸道传播；环境因素的影响或巴氏杆菌等继发感染时，常使猪的病情加剧乃至死亡；发病无季节性，但寒冷、潮湿或气候骤变时多见；密度过大，混群，通风不良的条件下有利于该病的传播。

（2）临床症状

① 急性型　病初精神不振，体温正常，呼吸次数剧增，每分钟达 60～120 次，呈明显腹式呼吸，咳嗽次数少而低沉，偶尔痉挛性阵咳，继发感染病猪呼吸困难，严重者张口喘气，发出哮鸣声，体温升高，鼻流浆液性液体，疾病严重程度及死亡率由饲养管理和卫生条件决定。

② 慢性型　主要症状是咳嗽。初期咳嗽次数少而轻，后渐加剧，气温下降或冷空气刺激时咳嗽更为明显，严重者呈连续的痉挛性咳嗽，呼吸困难，呼吸次数增加和腹式呼吸（气喘），食欲变化不大。若继发感染则可能转化为急性肺炎。

③ 隐性型　可由急性或慢性转变而成，无临床表现或轻度咳嗽，但用 X 线检查或剖检时可发现肺炎病变。加强饲养管理时肺炎病灶可逐步吸收消退而康复。反之，病情恶化而转变为急性或慢性型，甚至死亡。

（3）病理变化　两肺尖叶、心叶、膈叶前缘发生对称性实变，中间叶实变，典型的肉变，病变淡红色或灰红色，病变与健康组织界线明显。若无继发感染，其他脏器无特殊病变。

（4）诊断　流行病学 、临床症状 、解剖病变、实验室检测

（5）防疫　该病发生因素较多，应采取全面考虑，综合防治，免疫为主的策略。

① 改善饲养管理，消除应激因素，全进全出，彻底消毒，从健康单一猪场引种，减少混群和迁移次数，降低密度，注意冬季保温和通风，改善空气质量（粉尘，氨气浓度，硫化氢浓度降低）。

② 疫苗　目前疫苗既有灭活疫苗也有弱毒疫苗，灭活疫苗免疫效果有限，需要 2 次免疫。弱毒疫苗是比较理想的疫苗，免疫 1

次即可。

③ **策略用药** 选择敏感药物以减少耐药性，采取预防用药、定时用药、连续用药、脉冲用药等策略。

（五）免疫效果评估

疫苗免疫是当前防控猪场重大传染性疫病的主要措施，疫苗免疫效果的成功与否，关系猪场的生产指标。如何评价免疫效果是每个养猪者关心的焦点问题。免疫效果的评估涉及各个方面，科学评估疫苗效果是一个系统的工程，疫苗效果评价分为实验室评价与田间评价两个方面。下面分别作阐述。

1. 实验室评价

该评价主要发生在疫苗研发申报阶段，实验评价是严格按照国家规定的疫苗研发的效力评价标准进行，是最真实、最直接反映疫苗在免疫猪群的免疫效果。实验评价的特点是：

① 选择的动物饲养条件较高，猪舍的环境舒适，无外来疫病的风险。

② 实验猪群经过严格筛选，实验猪通过相关检测确认无疫病病原与抗体存在。

③ 实验进行中，有严格的动物分组，既有免疫实验组、也有对照组、还有空白对照组。

④ 免疫疫苗分不同剂量进行，分组观察。

⑤ 实验进行时严格按时间点采集血样、粪便等样本，通过相关指标进行评估。

⑥ 有专人负责临床观察猪群变化，并详细记录。

⑦ 实验中往往会对相关猪群进行攻击强毒实验，直接观察保护力。

⑧ 实验进行中或实验结束前，对全部实验猪剖杀，通过病理与组织抗原检测，进一步评估保护效果。

2. 田间评价

免疫效果的田间评价主要是在生产的猪场进行，田间评价会受到各种因素的干扰，其评价有局限性，养猪者应科学正确对待，疫苗准确的评价是实验评价，但是在生产中，很难进行，只能粗略评价。田间评价主要有如下几项：

(1) 抗体水平评价 抗体评价疫苗效果是很多猪场最常用的方法，对于抗体的认识很多人不十分清楚，在免疫效果评价过程中，大家往往把免疫效果评价等同于抗体监测，认为抗体效价高的一定就是免疫效果好的，但在田间实践中，我们往往会碰到这样的情况：猪体内有抗体甚至抗体水平比较高但仍会被感染、甚至发病，抗体水平高并不意味着免疫效果或保护效果好，抗体水平监测只是评价免疫效果的一个指标但绝对不是唯一的指标。

抗体评价要注意下面几点：

① 免疫疫苗产生抗体需要一定的时间，免疫疫苗后 30 天采集血清检测抗体。

② 抗体水平评价是群体性评价，由于个体抗体水平受一定因素影响较大，为正确评价某阶段抗体水平，应至少采集 10 份血清。

③ 商品化的抗体检测试剂盒质量差异较大，选择质量好的试剂盒。

④ 抗体检测试剂盒检测的是 IgG 抗体，此类抗体并不完全代表中和抗体。

⑤ 弱毒疫苗免疫力不仅仅是体液免疫（抗体），重要的是细胞免疫。

⑥ 正确评估母源抗体或感染抗体对检测抗体的影响，不能以免疫前后抗体高低评价。

⑦ 抗体检测评价最好固定猪群且连续采样，做不到也应分阶段采集，整体评估。

⑧ 抗体水平评估为消除不健康猪群的影响，采集应是健康猪群的猪血样。

(2) 生产指标评价 生产指标评价是评价疫苗免疫效果的重要方式，生产指标的评价越来越多的被猪场应用，也越来越被猪场重视，主要是有以下几点：

①同种疫苗免疫间隔时间较短，抗体评价局限性大，比如仔猪猪瘟的免疫，2次免疫间隔1个月，单纯抗体水平高低评价不科学。

②猪场某种疫病感染率较高，野毒抗体已经很高，疫苗抗体与野毒抗体无法区分，抗体评价受到局限性，常见的是猪圆环病毒病，免疫疫苗后生产的改善成为评价的重要标准。

③检测到的抗体中和作用弱，高水平抗体不代表高保护力，疫苗的评价也不以抗体做为重要指标，常见的是猪繁殖与呼吸综合征，免疫疫苗后生产的改善成为评价仔猪免疫效果的重要标志。

（3）抗原指标的评价　我国规模化程度的提高，科技力量的加强，猪场组建与维持健康的猪群成为防疫的重要举措，健康猪群的评估主要是通过组织与血清进行抗原的检测，抗原的检测也成为评估免疫疫苗效果的重要指标，有条件的猪场可以设置一定数量的哨兵猪（饲养过程中不免疫任何疫苗），成为猪场的预警猪。对于不稳定发病的猪群，首先应进行抗原的检测，通过抗原检测，快速确定发病原因，评估发病原因是疫苗免疫不到位还是先天性带毒引起，通过坚持不懈对不稳定猪的抗原检测，淘汰隐性带毒猪，保证疫苗免疫效果，建立健康猪群。

（六）影响免疫效果的因素分析

随着我国养猪业规模化、集约化的快速发展，猪场疫病呈现增多趋势，多病原感染加剧，疫病更加复杂，如何有效预防和控制群发性传染病成为养殖者考虑的首要问题。免疫接种是防控传染病的主要措施，而免疫效果的评估涉及各个方面，如何保证免疫猪群获得有效保护，是大家关心与关注的问题，下面从几方面做下分析。

1. 疫苗因素

（1）疫苗质量问题　贪图便宜而选择了不合格的疫苗，管理混乱而使用过期或失效的疫苗免疫猪群，造成免疫失败。

(2) 保存出现问题　常见是温度错误，灭活疫苗错误的冷冻保存，而要冷冻保存的弱毒疫苗却在常温或高温保存；另外运输环节出现冷链空档，造成疫苗效价降低。

(3) 稀释不当　未按说明书选择的稀释剂或专用稀释液稀释疫苗，造成疫苗溶解出现问题；擅自改变稀释液，用所谓药液稀释疫苗，造成疫苗被杀死或效价降低；稀释疫苗过程中混入消毒液，疫苗被杀死，效果降低。

(4) 疫苗的选择错误　选择已经淘汰的疫苗免疫猪群，比如伪狂犬灭活疫苗、猪繁殖与呼吸综合征灭活疫苗；选择疫苗与当地流行毒株不一致，比如口蹄疫疫苗，腹泻二联苗等；选择免疫效果差的疫苗，比如猪瘟普通细胞苗等。

2. 免疫操作问题

(1) 接种方法不当　接种途径不正确，未按接种要求接种，如猪瘟疫苗需要肌内注射，而出现口服，猪气喘病弱毒疫苗肺部注射，出现肌内注射等；免疫疫苗时，出现"飞针"，疫苗未注射进去或疫苗从针孔流出；免疫疫苗时，免疫到脂肪层，未免疫到肌肉层，疫苗吸收出现问题。

(2) 未严格消毒　器械未能做到一猪一针、一针一棉球，而是一栏一针头，造成交叉感染；对免疫部位未用酒精脱碘至干后接种，造成疫苗效价降低。

3. 环境因素

环境因素对猪群的免疫应答起到非常重要的作用，研究表明机体受到环境不良因素影响时，会产生应激，使机体生理状态改变，引起神经系统、内分泌系统、免疫系统等一系列应答反应，造成免疫力和抵抗力的低下，如果处于应激状态的猪群免疫疫苗，会出现免疫效果下降，甚至免疫失败。常见的环境因素有：

(1) 气候因素　夏季高湿高热环境下大密度饲养，猪群处于热应激之中；冬季寒冷气候下，缺乏有效的通风换气，猪舍内的灰尘颗粒、有害气体如氨气积聚，猪群上呼吸道黏膜受到损伤，猪群处于冷应激之中；气候骤变，机体调节受到限制，猪群处于应激状态。

（2）生产应激 断奶、突然转群、去势、断尾、剪牙等都属于生产应激，在生产应激下，机体高度紧张，免疫疫苗应尽量避开此时间段，饮水或饲料中及时添加抗应激的电解多维、葡萄糖等，提供抗应激能力。

4. 不合理用药

（1）药物中和疫苗 弱毒苗免疫机体后，在一定部位定植，并适当繁殖，激发机体的细胞免疫与体液免疫，在疫苗吸收达到繁殖部位前严禁使用相关药物。如果免疫细菌性弱毒疫苗，建议免疫活菌苗前 5 天内与免疫后的 5 天内，均不应使用含有抗菌、抑菌药物，否则可能杀死活菌，造成疫苗效果降低。免疫病毒性弱毒疫苗时，免疫前 4 天内与免疫后的 4 天内不应使用抗病毒的药物（包括中药、西药及抗血清）。

（2）免疫抑制剂 免疫抑制剂会抑制机体的免疫系统，阻碍疫苗刺激机体发挥作用，在免疫疫苗时要避免使用免疫抑制剂及对机体有抑制作用的药物，常见的相关制剂有喹乙醇、磺胺类药、氨基糖苷类、四环素类及地塞米松等糖皮质激素等。

5. 营养性因素

维生素及其他营养物质对猪的免疫力有显著的影响。缺乏维生素 A、维生素 D、维生素 B 等多种微量元素及全价蛋白质时能影响抗原的免疫应答，免疫反应会明显受到抑制，在免疫营养缺乏的猪群时，会造成免疫效果降低。

6. 其他因素

（1）抗体水平影响 抗体水平过高，特别是母源抗体水平偏高会中和一定的疫苗，影响疫苗发挥作用，建议猪场定期对猪群进行抗体检测评估，确定合理的免疫时间与免疫剂量。

（2）免疫抑制性疾病 猪群免疫抑制性疾病的存在造成机体免疫系统受到一定程度的破坏，疫苗的免疫效果受到一定程度影响，猪场常见的免疫抑制性疾病主要是猪繁殖与呼吸综合征和圆环病毒病，猪场应重点做好抑制性疾病的防控，免疫疫苗时，科学评估抑制性疾病对免疫的影响，适当加大免疫的剂量。

（七）猪场免疫程序制定

猪场科学合理免疫程序的制定需要考虑各方面因素影响，下面就免疫程序制定的因素分析如下：

1. 疫病流行情况

疫病流行情况主要考虑两个方面，一方面是本地区近几年（特别是近2年）疫病流行情况，可以通过当地疫病预防控制中心及科研检测机构等途径获得，这是制定免疫程序考虑外界疫病风险的影响因素；另一方面是本场近几年（特别是近2年）疫病流行情况，本场疫病情况除临床观察外，还应结合实验室准确诊断，猪场应注意建立本场的疫病监测数据库，做好本场疫病的风险评估。如果猪场最近引进猪种，还要评估引种猪场和引种猪场地区的疫病风险。

2. 猪群抗体水平影响

猪场抗体水平的高低，成为目前猪场评价疫苗免疫效果的主要指标，在抗体评价中，要注意科学评价，防止唯抗体论，要注意抗体的动态变化规律。在制定免疫程序考虑抗体水平的影响中，要考虑几点：

（1）母源抗体影响　充分掌握因疫病差异与疫苗不同导致母源抗体半衰期的不同。

（2）免疫间隔期　由于疫病发病的时间不同，结合生产的不同，导致一些疫苗免疫间隔时间短，此时应考虑实际情况，不应过分强调抗体影响。

（3）不同疫病影响　猪群存在一定的免疫抑制性疾病，导致同一阶段猪群抗体水平差异较大，此时应注意免疫剂量适当调整，保证免疫疫苗保护大部分猪群。

3. 疫苗种类和性质

一些疫病，由于血清型较多，不同血清型的毒株交叉保护较弱，疫苗免疫时，应考虑血清型的差异，选择血清型一致的疫苗株免疫，保证理想免疫效果；灭活疫苗主要以体液免疫保护为主，弱毒疫苗在体液免疫保护时，还有细胞免疫的保护，建议尽量选择弱毒疫苗免疫；同一种类疫苗，由于生产工艺不同，效果也有一定的差异，在选择时，应把质量（免疫效果、保护力）放在首位，应注意疫苗厂家在疫苗之外做的改进（佐剂、增强剂）带来的免疫效果提升。

4. 免疫接种方法

免疫疫苗时，免疫接种方法不同带来的免疫效果差异也应该作为重要因素，猪场涉及到的免疫接种主要点有：

（1）仔猪猪瘟超前免疫，一定不要让仔猪免疫疫苗前吃初乳，否则效果会大大降低。

（2）仔猪腹泻二联苗的免疫，应后海穴免疫，其他部位影响免疫效果。

（3）猪气喘病弱毒疫苗肺内注射，这样才能最大程度发挥疫苗效果。

（4）仔猪伪狂犬病疫苗免疫采用滴鼻免疫，这样才能发挥脑部占位作用，与其他免疫方式相比，大大减少野毒的排放量。

猪场常见免疫程序见表10。

表 10　猪场常见免疫程序（仅供参考）

猪别	疫病名称	疫苗名称	免疫			
			日龄		剂量	方法
后备猪	猪瘟	诸稳康	150	185	2头份	肌内注射
	伪狂犬	伪狂静	155	190		
	猪繁殖与呼吸综合征	蓝定抗	160	195	1头份	
	细小病毒	细小灭活苗	165	200		
	乙型脑炎	乙脑活疫苗	170	205	说明书	
	口蹄疫	高效灭活苗	175	210		
	圆环病毒	诸欢泰	180	215	2毫升	

（续）

猪别	疫病名称	疫苗名称	免疫		
			日龄	剂量	方法
种猪	猪瘟	诸稳康	产后5天或3次/年	2头份	肌内注射
	伪狂犬	伪狂静	4次/年		
	猪繁殖与呼吸综合征	蓝定抗	3次/年	1头份	
	口蹄疫	高效灭活苗	3次/年	说明书	
	圆环病毒	诸欢泰	产前35天	2毫升	
	乙型脑炎	乙脑活疫苗	每年4月初与5月初	说明书	
	细小病毒	细小灭活苗	产后10天（3胎前）		
商品猪	猪瘟	诸稳康	25 55	1.5头份	肌内注射
	伪狂犬	伪狂静	3日龄前	0.5头份	滴鼻
			30 70	1头份	肌内注射
	气喘病	支必宁	7	1头份	胸腔注射
	猪繁殖与呼吸综合征	蓝定抗	10	1头份	肌内注射
	圆环病毒	诸欢泰	14 35	1毫升	
	口蹄疫	高效灭活苗	45 65	说明书	

四、常用检测技术

现代化养猪，疫病防疫已经由治疗转变为预防，而对于传染性疫病，关键是早发现、早确诊、早采取措施，这离不开检测诊断技术。下面就检测技术在猪场的应用进行阐述。

（一）剖检

疫病的诊断，除了流行病学与临床症状，剖检是评估猪场疫病非常关键的一步。剖检不仅可以进一步验证临床推断，同时也可以为实验室诊断方向的选择提供参考。剖检主要是通过检查组织器官的颜色、气味、性质的变化，为正确诊断提供信息。猪剖检应注意下面几点：

1. 外观检查

观察发病猪的外观变化包括被毛、皮肤、天然孔、排泄物、体表、四肢、关节、浅表淋巴结如腹股沟淋巴结等。

2. 胸腔检查

观察胸腔有无积液、是否粘连、是否纤维素物质渗出，观察心脏与肺脏的异常变化。

3. 腹腔检查

观察腹腔是否粘连，观察肠系膜淋巴结的变化，观察肝、脾、肾、肠等器官的异常变化（表11）。

（二）样品采集

科学合理的采集样品是进行实验室检测与病原分离的第一步，样品的采集需要注意下面几点：

表11 猪常见传染病的病理变化

病　名	病理变化
猪瘟	皮肤、黏膜广泛性出血、肾脏表面出血点、脾脏边缘梗死、回盲口"扣状肿"、淋巴结切面呈大理石状
伪狂犬病	肾脏表面针尖状出血、脑膜充血
猪繁殖与呼吸综合征	肺脏瘀血、水肿
猪圆环病毒病	间质性肺炎、腹股沟淋巴结肿大
流行性腹泻	肠内充满淡黄色液体、空肠肠绒毛脱落
乙型脑炎	流产胎儿脑水肿，脑发育不全
细小病毒病	死胎、木乃伊胎、胎儿大小不一致
猪气喘病	两肺尖叶、心叶、膈叶前缘发生对称性实变、中间叶实变，典型的肉变
副猪嗜血杆菌病	胸腔、腹腔浆液性或化脓性纤维蛋白渗出物、胸腔与腹腔粘连、关节有纤维渗出物

1. 脓汁、鼻液、阴道分泌物、胸水及腹水的采集

用灭菌棉球蘸取病料后，放入灭菌试管中，采取破溃脓肿内的脓汁和胸水、腹水等时，可用灭菌注射器抽取，放入灭菌小瓶内，对较黏稠的脓汁，可向脓肿内注入1～2毫升灭菌生理盐水，然后再吸取。

2. 血液的采集

全血使用肝素抗凝管，通过前腔静脉处采集5毫升血液，静置后出现分层现象，最上层为淡黄色的血浆层，中间为白色的白细胞层，最下层为红色的红细胞层；血清：使用血清管或注射器采集血液5毫升，静置后出现分层现象，上层为淡黄色的血清层，下层为凝固的红细胞层。

3. 心脏、肝脏、脾脏、肺脏、肾脏和淋巴结等实质器官的采集

如做细菌分离，在剖开胸、腹腔后立即采取，并注意无菌操作，采取后放置于灭菌容器或自封袋中。

4. 肠内容物与肠的采集

采取的肠管部位两端用细线系牢，在结扎处的外侧剪断，将所取肠管置于灭菌的容器或自封袋中。

5. 脑的采集

打开颅腔，将脑置于灭菌的容器或自封袋中。

6. 典型病变部位与邻近健康组织的采集

选取病料时切勿挤压（使组织变形）、刮抹（使组织缺损）、冲洗（表12）。

表 12　猪场常见疫病检测样品

疫病名称	检测项目	送检样品
猪瘟	抗原	脾、肾、扁桃体、淋巴结
	抗体	血清
猪伪狂犬病	抗原	淋巴结、脾、肺、扁桃体、鼻拭子
	抗体 gE	血清
	抗体 gB	血清
繁殖与呼吸综合征	抗原	血清、肺、支气管淋巴结、扁桃体
	抗体	血清
高致病性蓝耳病	抗原	血清、肺、支气管淋巴结、扁桃体
猪气喘病	抗原	肺脏
细小病毒病	抗原	流产胎儿、扁桃体、脑、肺、肾
猪圆环病毒病	抗原	血液、肺、淋巴结
	抗体	血清
猪乙型脑炎	抗原	新鲜流产胎儿脑组织
	抗体	血清
弓形虫病	抗体	血清
猪传染性脑脊髓炎	抗原	脾、肾、淋巴结
猪流行性腹泻	抗原	小肠
传染性胃肠炎	抗原	小肠
猪流感病毒	抗原	血清、肺、支气管淋巴结、扁桃体
牛病毒性腹泻	抗原	脾、肾、扁桃体、淋巴结
猪口蹄疫	抗体	血清
细菌分离与鉴定	大肠杆菌	肠内容物、肛门拭子
	链球菌	心、肝、未破淋巴结脓汁、脑脊液
	巴氏杆菌	肺、急性期心脑血液、胸腔积液

(三) 送检要求

1. 样品包装

将样品放入容器或自封袋中，在容器壁或自封袋上认真标记好样品的编号。将包装好的样品置于泡沫箱中，在泡沫箱中放置3个冰袋。

2. 运送样品

样品取到后要迅速运送到相关疫病诊断机构。

3. 信息收集

送检样品信息包括发病信息、样品解剖信息及免疫信息等。

(四) 病原分离与鉴定

病原的分离主要针对的是细菌性疾病，成功分离培养出致病菌，是进行药敏实验的前提，最终筛选出敏感药物，控制疫病。病毒性疾病的分离在生产中应用不多，更多是为了科学研究的需要而进行的。

1. 细菌分离与鉴定

（1）新鲜样品可直接涂抹或用环钩取少许组织，进行划线接种，而后还要对菌落进行鉴定，最终确定致病菌。

（2）乳汁、阴道分泌物、粪、尿等样品可能污染杂菌较多，需先除去杂菌，然后接种培养。

（3）液体样品含菌少，要通过离心与过滤等处理，然后接种培养。

（4）样品通过易感动物排除杂菌也是一种方法，将悬液接种于易感动物，杂菌不能在易感动物体内繁殖而死亡，致病菌却能繁殖并使动物致死，然后从该易感动物分离培养细菌。

2. 病毒分离

病毒分离需要严格的一套程序，非常繁琐与费时费力，在科学研究中应用较广，具体分离病毒程序不在此阐述。

(五) 抗原检测

抗原检测目前广泛应用于猪场的疫病诊断与隐性带毒猪的筛选

中，抗原检测主要采用的是 PCR 技术，最近增加了测序技术。下面就抗原检测在猪场疫病诊断中的重要性做阐述。

第一，抗原检测是针对微生物的核酸检测，是最为直接的病原检测，是直接找发病的源头。

第二，抗原检测能够区分疫苗毒与野毒，这是抗体检测不能做到的。

第三，抗原检测无诊断空白期，一旦从样品中检测到野毒的核酸，则表明该猪群隐性带毒或正在发病，而抗体检测往往滞后（抗体需要抗原刺激）。

第四，一些微生物的核酸可以通过血液检测出来，提高了筛查隐性感染猪群的概率。

（六）抗体检测

免疫疫苗后抗体水平的监测逐渐受到养殖者的重视，养殖者通过抗体水平的高低评估疫苗的免疫效果，并调整其免疫程序，抗体检测的评估应科学与客观进行，不能太盲目。目前我国抗体检测技术有间接血凝技术、乳胶凝集技术、ELISA 技术（应用最广）及胶体金检测技术。

抗体检测要特别注意科学合理采样，猪场通过抽样检测能够评估整体抗体水平，采样原则是：种猪群按 10％ 比例，仔猪每个阶段 20份，最低每个阶段不应少于 10 份，仔猪按周龄、种猪按胎次采集。

（七）检测报告分析

检测报告的科学分析需要掌握猪场的大量相关信息，报告的科学分析是猪场场长、猪场兽医及实验室三者合作的结果。报告分析分为血清抗体检测结果分析与样品抗原检测结果分析。

1. 血清抗体的分析

抗体报告分析的成功完成分为三部分：

（1）血样的采集　按照猪群规模设计采集样本的阶段与数量，根据检测目的与猪群疫苗免疫情况，确定检测的抗体项目。

(2) 实验室的检测　选择专业实验室专业人员检测，选择灵敏性高与特异性强的商品化试剂盒检测，切忌图便宜，选择差试剂进行检测。

(3) 检测报告的分析　报告分析时，应把不同猪群归类，同一阶段横向比较，不同阶段连接起来，考虑抗体动态的变化，分析报告时，应掌握猪场的免疫程序及样品的免疫疫苗情况。

抗体分析时，关注三个指标，第一个指标是阳性率，是指阳性样品占总样品的百分比，阳性率反映出猪群抗体阳性的比例，抗体产生有两个途径，疫苗与野毒感染，而目前技术还不容易区分疫苗抗体与野毒抗体，如果排除野毒抗体，抗体阳性率高，反映疫苗免疫后猪获得保护高，但特别注意不能唯抗体论；第二个指标是抗体平均值，抗体平均值反映着抗体平均水平的高低，抗体平均值高说明对该病的抵抗力要更强些；第三个指标是离散系数，是反映样本中个体抗体水平之间的差异，离散系数的差异反映了不同猪群接受疫苗免疫后机体反应的差异。

2. 抗原的分析

抗原检测结果的分析比较直接，检测结果以阴性与阳性表示。阳性代表样本含有检测的病毒，如果是野毒，表明猪受到该病的感染，阴性代表样本不含有或未检测到病毒，表明猪受到该病的感染概率小，发病与其关系不大。抗原的分析要特别注意，因为猪场进行抗原检测，往往猪场处于不稳定状态，因此结果的判定对于猪场采取措施控制疫情关系重大。抗原的分析应注意：详细掌握猪场的流行病学，对于其免疫程序详细分析；对于发病猪群的临床症状、解剖病变仔细查看；采集发病猪的要有代表性，避免剖杀僵猪或健康猪，且至少应 5 份以上样本；检测项目要合理安排，对于重大疫病建议进行检测评估；报告分析需要场长与兽医参与会诊；建议的提出密切跟踪，根据猪群状况及时调整。

（八）实验室检测常见误区

猪病的种类日益增多，多种病原混合感染的显著增加，典型临床症状逐渐减少，非典型疾病逐渐增多，因此，仅靠临床症状和病理变化来进行猪病的诊断越来越困难，特别需要借助实验室检测来对疾病进行进一步的确诊。对规模化养殖场以及广大的养殖户来说，实验室检测的意义非常重要，主要包括：评估猪场疫苗的免疫效果；检测猪群的抗体消长规律，制定合理的免疫程序；跟踪猪群免疫效果，避免免疫失败造成的损失；猪群疫病的确诊，并及时采取治疗措施等。目前实验室检测存在以下常见误区：

1. 样本采集不合理

（1）数目不合理　猪场随意采集几份血与一份组织样品检测，造成误判与错判。合理的样本数目对于评估至关重要，不合理的样本数目，检测得出的结果与实际差异太大，难以代表整个猪群或整个猪场的疫病流行情况。

（2）样本质量差　采集组织样本时未采集到典型病变组织，采集样本不新鲜；血液采集方法不正确，保存有差错，出现溶血或腐烂等情况。

2. 检测方法选择不正确

根据检测目的的不同，应进行不同的检测项目，需要进行抗原检测的，选择抗体检测；需要区分疫苗毒与野毒的，未进一步区分，是检测中常见的误区，主要是对具体检测不了解，可以咨询相关实验室机构。

3. 检测方案不合理

（1）不发病不检测　定期对猪群检测，及时淘汰隐性带毒猪、净化疫病、建立健康猪群是实验室检测的目的之一。但是很多猪场并没有这种意识或有意识未行动，猪场出现不发病不检测，没有大的疫情，不全面检测评估的误区。

（2）重视抗体检测，轻视抗原检测　很多养猪者认为检测抗体就能确诊疫病，实际是抗体的产生不仅仅疫苗接种会产生，野毒感染同样也会刺激机体产生相应抗体，因此在猪群不稳定状态下，抗体的检测并不能直接确认发病元凶，确认发病的元凶是抗原的检测。

(3) 检测频率过低　很多猪场不会主动的定期对猪群检测，只有受到疫病威胁时，进行检测，往往达不到充分利用实验室的目的，现代化养猪建议1年至少2次的抗体检测评估，不定期的抗原检测评估。

参考文献

Reference

杜淑清，李智红，王芳蕊，等.2013.兽医生物制品分类概述 ［J］.上海畜牧
　兽医通讯，3（4）：71－73.

何启盖，陈焕春，吴斌，等.2000.规模化猪场猪瘟、细小病毒、口蹄疫抗体
　水平检测和免疫效果分析 ［J］.中国预防兽医学报，23（1）：6－10.

李七渝，张绍祥.2002.免疫耐受机制研究进展 ［J］.免疫学杂志，18
　（3）：98－100.

李文波，姚志强，周永兴，等.2001.不同剂量白细胞介素2作为乙型肝炎病
　毒核酸疫苗佐剂的效应 ［J］.免疫学杂志，17（1）：27－29.

李忠明.2001.当代新疫苗 ［M］.北京：高等教育出版社.

林毅，冯金传，张道永，等.2000.规模化猪场4种猪瘟免疫程序的免疫效果
　比较 ［J］.中国畜牧兽医科学，23（4）：20－23.

刘馨，张永欣，孙茂盛，等.2007.轮状病毒的灭活、纯化及抗原鉴定 ［J］.
　中国人兽共患病学报，23（4）：378－379.

宁宜宝，赵耘，王琴，等.2004.3种非猪瘟病毒单独或混合感染对猪瘟弱毒
　疫苗免疫效力的影响 ［J］.中国兽医学报，24（2）：112－114.

阮力，汪垣，强伯勤.1992.新型疫苗的研究现状与展望 ［M］.北京：学苑出
　版社.

孙建和，严亚贤，陆苹.2002.兽用DNA疫苗的研究进展 ［J］.中国人兽共患
　病杂志，18（2）：114－116.

王娟.2011.动物疫苗免疫效果不佳的原因及对策 ［J］.中国兽医杂志，47
　（8）：89－90.

王青，胡建和，杭柏林，等.2012.兽用基因工程疫苗的研究现状及其生物安
　全问题 ［J］.中国畜牧兽医（5）：237－239.王月红，朱为.2009.菌影作为
　新型疫苗递送载体的研究进展 ［J］.国际生物制品学杂志，32（5）：250－254.

项雷生，朱叶峰，虞伟祥，等：2008.猪瘟疫苗不同免疫剂量对抗体效价的影

响试验 [J]. 浙江畜牧兽医，8（3）：3-4.

徐杰，于爽，付丝美，等.2010. 布鲁氏菌抗原的快速克隆与高效表达 [J].
　　生物技术通讯，21（3）：323-327.

余兴龙，涂长春，李红卫，等.2000. 猪瘟病毒 E2 基因真核表达质粒的构建
　　及基因疫苗的研究 [J]. 中国病毒学，15（3）：264-271.

张振兴，姜平.1996. 实用兽医生物制品技术 [M]. 北京：中国农业科学技术
　　出版社.

赵铠，张以浩，李河民.2007. 医学生物制品学 [M]. 第 2 版. 北京：中国人
　　民卫生出版社.

郑四清.2010. 生猪疫苗接种中的不良反应及其危害控制 [J]. 中国动物保健
　　（3）：50-52.

智海东，王云峰，陈洪岩.2011. 我国兽用基因工程疫苗研发现状与策略 [J].
　　动物医学进展（6）：174-178.

钟辉，曹成.2000. 恶性疟原虫 DNA 疫苗效果的评估 [J]. 遗传学报，27
　　（2）：95-100.

周光炎.2007. 免疫学原理 [M]. 上海：科学技术出版社.

猪　瘟

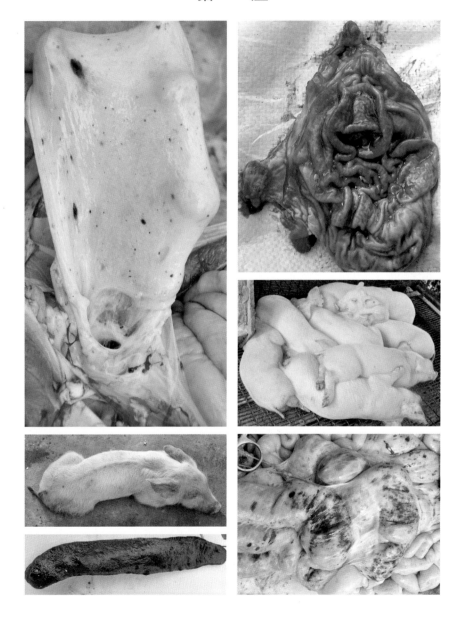

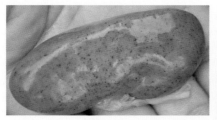
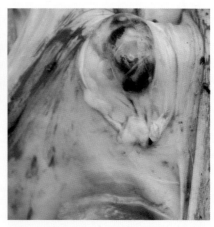

猪 伪 狂 犬 病

猪繁殖与呼吸综合征

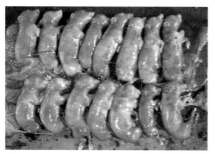
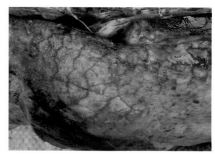

猪圆环病毒病

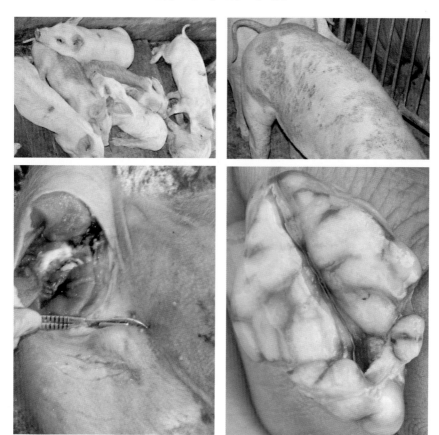

猪流行性腹泻

猪 气 喘 病

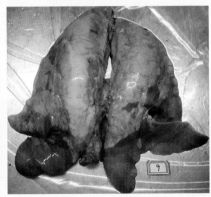